Laurentiu Marius Dumitran

Dépoussiérage électrostatique des particules submicroniques

Laurentiu Marius Dumitran

Dépoussiérage électrostatique des particules submicroniques

Collection des fines particules dans les dépoussiéreurs électrostatiques

Presses Académiques Francophones

Impressum / Mentions légales
Bibliografische Information der Deutschen Nationalbibliothek: Die Deutsche Nationalbibliothek verzeichnet diese Publikation in der Deutschen Nationalbibliografie; detaillierte bibliografische Daten sind im Internet über http://dnb.d-nb.de abrufbar.
Alle in diesem Buch genannten Marken und Produktnamen unterliegen warenzeichen-, marken- oder patentrechtlichem Schutz bzw. sind Warenzeichen oder eingetragene Warenzeichen der jeweiligen Inhaber. Die Wiedergabe von Marken, Produktnamen, Gebrauchsnamen, Handelsnamen, Warenbezeichnungen u.s.w. in diesem Werk berechtigt auch ohne besondere Kennzeichnung nicht zu der Annahme, dass solche Namen im Sinne der Warenzeichen- und Markenschutzgesetzgebung als frei zu betrachten wären und daher von jedermann benutzt werden dürften.

Information bibliographique publiée par la Deutsche Nationalbibliothek: La Deutsche Nationalbibliothek inscrit cette publication à la Deutsche Nationalbibliografie; des données bibliographiques détaillées sont disponibles sur internet à l'adresse http://dnb.d-nb.de.
Toutes marques et noms de produits mentionnés dans ce livre demeurent sous la protection des marques, des marques déposées et des brevets, et sont des marques ou des marques déposées de leurs détenteurs respectifs. L'utilisation des marques, noms de produits, noms communs, noms commerciaux, descriptions de produits, etc, même sans qu'ils soient mentionnés de façon particulière dans ce livre ne signifie en aucune façon que ces noms peuvent être utilisés sans restriction à l'égard de la législation pour la protection des marques et des marques déposées et pourraient donc être utilisés par quiconque.

Coverbild / Photo de couverture: www.ingimage.com

Verlag / Editeur:
Presses Académiques Francophones
ist ein Imprint der / est une marque déposée de
OmniScriptum GmbH & Co. KG
Heinrich-Böcking-Str. 6-8, 66121 Saarbrücken, Deutschland / Allemagne
Email: info@presses-academiques.com

Herstellung: siehe letzte Seite /
Impression: voir la dernière page
ISBN: 978-3-8381-4655-3

Zugl. / Agréé par: Grenoble, Universite Joseph Fourier, 2001

Copyright / Droit d'auteur © 2014 OmniScriptum GmbH & Co. KG
Alle Rechte vorbehalten. / Tous droits réservés. Saarbrücken 2014

Avant-propos

Cet ouvrage, *Dépoussiérage électrostatique des fines particules*, est centré sur la présentation des phénomènes spécifiques qu'ils intervient dans la collection des fines particules dans les précipitateurs électrostatiques. L'information présentée dans ce livre est basée principalement sur les résultats obtenues par l'auteur pendant ses études doctorales réalisées en cotutelle entre l'Université *Joseph Fourier* de Grenoble et l'Université *Politehnica* de Bucarest.

Les données qui constituent la base de ce livre ont été obtenu en utilisant des outils expérimentaux, réalisés á *G2Elab* (l'ancien *LEMD – CNRS*) Grenoble, mais aussi des outils numériques spécial développés pour cette étude. Même si le problème concernant la collection des fines particules est analysé dans le cas particulier d'un précipitateur pilote, les phénomènes complexes qui ont été mis en évidence sont généralement caractéristiques pour toutes les filtre électrostatiques. De ce point de vue, ce travail tente de donner une image de la complexité du fonctionnement des filtres, en offrant á la fois, des explications sur certaines phénomènes spécifiques.

Cet ouvrage s'adresse aux ingénieurs et aux étudiants de second et troisième cycle mais aussi à tous ceux qui sont intéressés de l'électrostatique appliquée et phénomènes électroaérodynamiques.

Ce livre n'aurait pas pu être possible sans l'aide précieux de deux hommes qu'ils ont été toujours présents á mes cotées pendant la thèse mai aussi bien après: *Petru V. Noțingher*, Professeur á l'Université *Politehnica* de Bucarest et *Pierre Atten*, Directeur de Recherche á CNRS. Ils occuperont toujours une place de choix dans mon cœur. Et si je suis arrivé au but de cet ouvrage c'est grâce á *Gabriela* et á mes fils *Radu* et *Matei* qui on su toujours comprendre mes longues journées de travail…

L'auteur

Sommaire

Introduction.. 1

Chapitre 1 - Précipitation électrostatique.. 5
1.1. Construction et fonctionnement des filtres électrostatiques................ 5
    1.1.1. Principe du fonctionnement.. 5
    1.1.2. Architecture générale.. 7
        1.1.2.1. Electrofiltres à un seul étage... 7
        1.1.2.2. Electrofiltres à deux étages... 8
        1.1.2.3. Electrofiltres humides... 9
    1.1.3. Phénomènes mis en jeu... 10
1.2. Modèles du fonctionnement des filtres électrostatiques....................... 12
    1.2.1. Efficacité de collecte d'un électrofiltre... 13
    1.2.2. Migration des particules... 13
    1.2.3. Modèle laminaire.. 19
    1.2.4. Modèle de Deutsch... 20
    1.2.5. Modèle de Leonard, Mitchner et Self... 22
    1.2.6. Modèles numériques... 26
    1.2.7. Commentaires et conclusion... 28
1.3. Décharge couronne et charge des particules... 29
    1.3.1. Décharge couronne... 29
        1.3.1.1. Conduction électrique dans les gaz....................................... 29
        1.3.1.2. L'effet couronne.. 33
        1.3.1.3. Décharge couronne dans les électrofiltres............................ 35
        1.3.1.4. Tension seuil – approches théoriques................................... 38
    1.3.2. Charge des particules.. 39
        1.3.2.1. Mécanismes de charge des particules................................... 39
        1.3.2.2. Modélisation de la charge des particules.............................. 41
1.4. Couches de particules collectées... 45
    1.4.1. Cohésion des particules collectées.. 46
    1.4.2. Forces électriques. Influence de la résistivité des particules........ 47
        1.4.2.1. Diminution du champ électrique de collecte......................... 47
        1.4.2.2. Contre – émission.. 49
    1.4.3. Discussion... 49

Chapitre 2 - Installation expérimentale et technique de mesure..... 51
2.1. Installation expérimentale... 51
    2.1.1. Le précipitateur électrostatique... 52
    2.1.2. Le mélange air – particules... 55
    2.1.3. Mesure et contrôle de la concentration des particules.................. 55
2.2. La poudre utilisée... 59

2.3. Technique de mesure... 61

Chapitre 3 - Estimation de la vitesse de migration des fines particules..... 63
3.1. Considérations générales.. 63
3.2. Méthode d'estimation de w_E.. 66
    3.2.1. Démarche expérimentale... 66
    3.2.2. Principe de mesure de l'efficacité fractionnaire de collection...... 68
3.3. Résultats expérimentaux sur l'efficacité fractionnaire de collection....... 72
    3.3.1. Distributions granulométriques à l'entrée et à la sortie de la zone de mesure... 72
    3.3.2. Influence de la taille des particules sur l'efficacité de collection.. 75
    3.3.3. Influence du champ électrique sur l'efficacité de collection....... 75
    3.3.4. Influence de la vitesse moyenne de l'air sur l'efficacité de collection... 79
    3.3.5. Influence du potentiel électrique de charge sur l'efficacité de collection... 80
3.4. Estimation de la vitesse de migration des fines particules.................. 81
    3.4.1. Les classes granulométriques de particules........................... 81
    3.4.2. Calcul de la vitesse de migration. Théorie de Leonard.............. 82
    3.4.3. Résultats de l'estimation de la vitesse de migration................. 87
    3.4.4. Ordre de grandeur de la diffusivité turbulente....................... 88
    3.4.5. Discussion.. 93
    3.4.6. Estimation de la mobilité et de la charge moyenne des particules... 95
3.5. Conclusions.. 98

Chapitre 4 - Aérodynamique des précipitateurs électrostatiques.......…. 99
4.1. Introduction.. 99
    4.1.1. Le phénomène de vent ionique... 99
    4.1.2. La structure de l'écoulement secondaire............................. 100
4.2. Visualisation du mouvement des particules à l'intérieur du précipitateur 101
    4.2.1. Dispositifs de visualisation... 102
    4.2.2. Observations sur la structure de l'écoulement gazeux.............. 103
    4.2.3. Visualisation locale des lignes du courant d'écoulement secondaire... 104
4.3. Modélisation de l'écoulement gazeux... 107
    4.3.1. Formulation du problème... 108
    4.3.2. Problème électrique. Equations de base.............................. 110
    4.3.3. Problème mécanique. Equations de base............................. 113
    4.3.4. Adimensionalisation des équations.................................... 116
    4.3.5. Résolution du problème... 119
        4.3.5.1. Discrétisation des équations................................. 119
        4.3.5.2. Détermination des grandeurs électriques................. 126
        4.3.5.3. Déterminations des grandeurs mécaniques............... 129

4.4. Conclusions.. 132

Chapitre 5 – Influence du mouvement secondaire sur la charge des particules.. 135
5.1. Introduction.. 135
5.2. Influence de la distribution de charge des particules sur l'efficacité de collection.. 135
5.3. Calcul de la charge des particules. Approche lagrangienne................. 137
    5.3.1. Modèle de calcul pour les trajectoires des particules................ 137
    5.3.2. Mise en équations du problème... 138
    5.3.3. Calcul du champ de vitesse du flux gazeux............................ 139
    5.3.4. Modèle de charge des particules... 141
    5.3.5. Trajectoires des particules. Cas bidimensionnel (2-D)............. 143
5.4. Répartitions tridimensionnelles du champ électrique et de la charge d'espace ionique.. 149
    5.4.1. Formulation du problème... 150
    5.4.2. Résolution du problème tridimensionnel (3-D)...................... 152
        5.4.2.1. Discrétisation des équations.. 153
        5.4.2.2. Détermination des grandeurs électriques 3-D............... 158
        5.4.2.3. Distribution du courant sur la plaque collectrice........... 161
    5.4.3. Trajectoires des particules. Cas tridimensionnel (3-D)............ 162
5.5. Etude statistique de la charge et de la collection des particules........... 168
    5.5.1. Efficacité de collection. Positions des particules à l'entrée du précipitateur.. 170
    5.5.2. Collection des particules. Distribution de charge.................... 171
    5.5.3. Discussion des estimations expérimentales de la charge moyenne des particules.. 180

Conclusion.. 183

Bibliographie.. 187

Introduction

Un des plus importants problèmes de l'époque moderne de l'humanité, ayant de nombreuses implications sur la vie et les activités de l'homme est la pollution atmosphérique. Ce phénomène, extrêmement complexe, est devenu de nos jours l'objet d'observations continues de plusieurs organisations internationales, car les conséquences de la pollution atmosphérique ignorent les frontières des pays ou des régions de la Terre.

Généralement, on parle d'une pollution au niveau des régions, qui consiste dans la contamination de l'atmosphère par des déchets ou sous-produits solides, liquides ou gazeux qui peuvent mettre en danger la santé de l'homme, des plantes et des animaux, ou peuvent attaquer des matériaux, réduire la visibilité ou provoquer des odeurs désagréables. A l'échelle planétaire, l'élimination ou l'accumulation dans l'atmosphère terrestre de certains produits engendre des conséquences irréparables sur l'équilibre naturel de la planète: la destruction de la couche d'ozone et l'échauffement global de l'atmosphère. Les résultats sont immédiats: d'une part, la surface de la Terre est soumise constamment aux radiations ultraviolettes qui ne sont plus filtrées par la couche d'ozone et qui sont très nocives pour la vie, et d'autre part, l'échauffement de l'atmosphère produit des changements climatiques importants. Au cours des années 1980 et au début des années 1990, des pays industrialisés, conscients des conséquences de la pollution, ont légiféré pour améliorer la qualité de l'air. Depuis, de nouvelles politiques environnementales sont mises en place et de nouvelles normes de plus en plus contraignantes sont imposées. Ces réglementations rendent nécessaires de nouvelles études pour l'amélioration des techniques de filtration déjà existantes ou pour trouver d'autres solutions aux procédés classiques de traitement des rejets industriels.

Parmi les moyens de filtration utilisés pour diminuer la quantité de produits libérés dans l'atmosphère par divers procédés industriels, une place très importante revient aux précipitateurs (ou filtres, ou encore dépoussiéreurs) électrostatiques. Ces installations de filtration sont largement utilisées depuis le début du 20ème siècle pour retenir les particules présentes dans les gaz résultants, par exemple, dans l'industrie métallurgique, l'industrie chimique ou celle de ciment ainsi que pour épurer les gaz produits par les centrales électriques brûlant du charbon. Par rapport aux autres moyens de filtration couramment utilisés dans l'industrie, les précipitateurs électrostatiques peuvent traiter les fumées issues d'installations délivrant de forts débits gazeux tout en ne produisant que de faibles pertes de charge. En terme de masse, leur efficacité de filtration est supérieure à 99%. Cette valeur peut apparaître suffisante, mais diverses études ont montré que le rendement de filtration est très médiocre dans le cas des particules d'une taille inférieure à quelques microns qui ne constituent qu'un très faible pourcentage en masse des particules à collecter. L'intérêt pour l'amélioration de ces filtres est devenu crucial lorsque d'autres études ont mis en évidence que ces particules, insuffisamment filtrées par les dépoussiéreurs électrostatiques, sont les plus dangereuses pour la santé publique.

L'amélioration du rendement de filtration des précipitateurs électrostatiques nécessite la compréhension des phénomènes physiques qui interviennent lors de fonctionnement de ces appareils. Dans le passé, des modèles théoriques simples ont été créés et utilisés pendant plus d'un demi-siècle afin de dimensionner les électrofiltres. Plus récemment, d'autres modèles plus raffinés ont été élaborés. Le développement des ordinateurs a eu aussi des conséquences importantes dans ce domaine. Des méthodes numériques de dimensionnement ont vu le jour et des progrès importants ont été faits dans l'architecture générale des précipitateurs électrostatiques. Cependant, à cause de leur complexité, plusieurs phénomènes sont encore ignorés dans les modèles actuels et des corrections empiriques sont très fréquemment employées. Ainsi, actuellement la précipitation électrostatique reste un domaine où plusieurs questions attendent encore leur réponse et où l'empirisme est toujours présent lors de la conception de nouvelles installations.

L'objectif du présent travail consiste à affiner les connaissances de la collection des particules submicroniques par une étude expérimentale et théorique. Les efficacités de filtration les plus faibles qui caractérisent les dépoussiéreurs électrostatiques sont étudiées pour les particules d'une taille comprise entre 0,3 et 1 µm dans un filtre électrostatique pilote. En essayant de trouver quelles sont les principales raisons qui déterminent ce comportement, nous nous sommes intéressés au paramètre central qui intervient dans le processus de filtration électrostatique: la vitesse de migration des particules w_E. D'une manière générale, cette vitesse caractérise le mouvement des particules chargées dans le champ électrique créé entre les électrodes du filtre. Malgré le nombre impressionnant de travaux réalisés jusqu'à présent dans le domaine de la précipitation électrostatique, il manque encore des données expérimentales précises concernant la vitesse de migration des fines particules. Nous pensons donc que l'estimation de ce paramètre qui dépend de la charge électrique des particules peut nous permettre de mieux comprendre le fonctionnement de ces appareils.

Ce travail de recherche a été réalisé dans le cadre d'une coopération entre le *Laboratoire d'Electrostatique et de Matériaux Diélectriques* de Grenoble (*LEMD-*

CNRS) et le *Laboratoire de Matériaux Electrotechniques* de l'Université *Politehnica* de Bucarest (*LME-UPB*).

Ce document est composé de six chapitre distinctes. Dans le premier chapitre nous présentons une étude bibliographique concernant la précipitation électrostatique. Les principaux phénomènes intervenant dans le fonctionnement des filtres électrostatiques ainsi que leur modélisation classique sont rappelés et examinés. Une section de ce chapitre est réservée à la présentation des principaux modèles de fonctionnement des filtres électrostatiques.

Le deuxième chapitre est consacré à la présentation des l'installations expérimentales réalisées et utilisées. Sont présentés les différents éléments composant le filtre électrostatique pilote ainsi que les techniques de mesure de la concentration des particules en suspension dans l'air.

L'estimation de la vitesse de migration des particules à partir de mesures expérimentales de l'efficacité de collection est détaillée dans le chapitre trois. On présente ici les résultats obtenus sur le rendement de filtration ainsi que la méthode utilisée pour le calcul de w_E.

Dans les quatrième et cinquième chapitres nous présentons une simulation numérique du fonctionnement d'électrofiltre. On s'intéresse au mouvement du gaz et à son influence sur les trajectoires et la captation des fines particules. Une étude concernant l'influence de la distribution de charge électrique des particules de la même taille est aussi présentée. Dans la dernière partie de ce chapitre une étude statistique sur la collection et la distribution de la charge des particules est réalisée.

Enfin, dans la dernière partie les conclusions principales de ce travail ainsi que les contributions personnelles sont exposées.

Chapitre 1
Précipitation électrostatique

Dans l'industrie il existe une grande variété de procédés d'épuration des gaz destinées à répondre au problème critique de la pollution atmosphérique. Parmi ces procédés, la séparation électrostatique, qui fait l'objet de cet ouvrage, est fondée sur l'action des forces électriques qui s'exerces sur les poussières chargées. Ce chapitre vise à familiariser le lecteur avec l'architecture générale des filtres électrostatiques et de présenter, d'une manière synthétique, les principaux phénomènes qui se produisent dans ces installations.

1.1. Construction et fonctionnement des filtres électrostatiques

1.1.1 Principe du fonctionnement

Le fonctionnement des filtres électrostatiques - nommés précipitateurs électrostatiques ou encore électrofiltres - est basé sur l'action des forces électriques qui s'exercent sur les particules chargées par l'intermédiaire d'un champ électrique. Contrairement aux autres moyens de filtration classiques, comme les filtres mécaniques qui font appel aux forces d'inertie ou centrifuge (décanteurs, cyclones, …) ou les séparateurs hydrauliques et ceux à couche filtrante, dans un électrofiltre les forces séparatrices agissent directement sur les particules à retenir.

Dans les filtres électrostatiques les plus simples, un potentiel électrique très élevé est appliqué à un fil placé dans l'axe d'un cylindre relié à la terre à l'intérieur duquel passe le gaz pollué. Une décharge couronne se forme autour du fil et les ions qui ont la même polarité que le fil sont repoussés vers le cylindre. Cela conduit à la formation d'une charge d'espace ionique ayant une densité très forte à proximité du fil et qui décroît vers la surface du cylindre. Certains de ces ions sont captés par les poussières en raison de la distorsion locale du champ électrique, causée par la différence de la valeur entre la permittivité relative des particules et celle du gaz. Ainsi, les particules se chargent en captant les ions, jusqu'à atteindre une charge maximale (souvent appelée charge limite). Pour une particule quelconque de taille suffisante (supérieure à quelques microns), la charge limite correspond au moment où l'intensité du champ électrique dû aux charges acquises à sa surface devient égale à celle du maximum sur la surface d'une particule identique non chargée, du champ électrique généré par la différence de potentiel entre les deux électrodes et la distribution de charge d'espace. Les particules chargées sont soumises à une force électrique dirigée vers la surface du cylindre extérieur relié à la terre. Elles forment alors une couche qui adhère ainsi à la paroi jusqu'à ce qu'elles soient détachées par le frappage du cylindre ou emportées par lavage. Les étapes successives qui interviennent dans le fonctionnement d'un filtre électrostatique sont représentées schématiquement dans la figure 1.1.

La formation de la couche de poussières sur la surface collectrice est gérée principalement par les forces électriques ainsi que par les forces d'adhésion surfacique. Les particules isolantes ne perdent pas immédiatement leur charge au contact de l'électrode de collecte, ce qui assure une bonne compaction de la couche. Par contre, les particules conductrices perdent en un temps très court leur charge au contact de la paroi et se chargent en polarité opposée par induction. Donc, le fonctionnement d'un précipitateur électrostatique reste efficace seulement si les particules ont une résistivité électrique suffisamment élevée. Généralement, les électrofiltres traitent des fumées de charbon, des brouillards d'huile, des fumées de soudage, des gaz évacués par les moteurs diesel, etc…Cependant, ils ne peuvent pas épurer les poussières métalliques, les gaz explosifs ou les vapeurs d'eau, cas dans lesquels la conductivité électrique des particules devient importante.

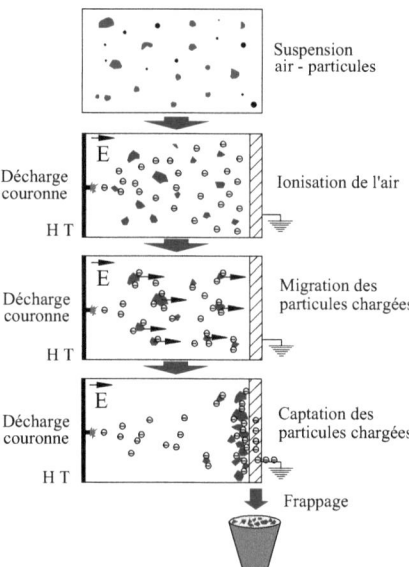

Figure 1.1 - *Les principales étapes qui interviennent dans le fonctionnement d'un filtre électrostatique.*

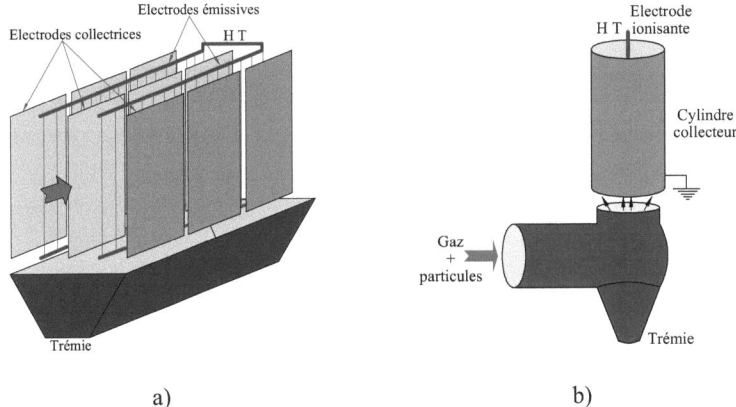

Figure 1.2 - *Vue schématique d'un filtre électrostatique: a) Type plaque – plaque.
b) Type fil – cylindre.*

A partir de ces principes simples de fonctionnement, plusieurs types d'électrofiltres ont été réalisés au cours du temps, en essayant de trouver pour chaque application pratique la variante de construction qui assure la meilleure efficacité de séparation.

1.1.2. Architecture générale

Deux formes principales de filtres électrostatiques se sont imposées dans le temps: les électrofiltres appelés plaque – plaque où les électrodes de collecte sont des plaques parallèles et les électrofiltres cylindriques, où les électrodes de dépôt sont des cylindres. De plus, ces deux catégories d'électrofiltres peuvent être réalisées en un seul ou deux étages.

1.1.2.1. Electrofiltres à un seul étage

A cause de leur construction plus simple et de leur robustesse en fonctionnement, les électrofiltres à un seul étage sont les plus utilisés dans les applications industrielles. La charge et la captation des particules sont réalisées simultanément tout au long du filtre.

Parmi les électrofiltres à un seul étage, ceux du type plaque – plaque sont les plus répandus. Ici, les électrodes de dépôt sont des plaques parallèles et équidistantes et le gaz est ionisé à partir d'électrodes ionisantes situées dans les plans verticaux à mi-distance entre les plaques (figure 1.2.*a*). En général, les électrodes de collecte sont soumises périodiquement au frappage, ce qui permet de décoller les agrégats afin de les retenir dans des bacs spéciaux placés dans la partie inférieure du filtre. Les précipitateurs industriels, ayant des longueurs de plusieurs dizaines de mètres, sont divisés en plusieurs segments nommés champs. Chaque champ a sa propre alimentation électrique, indépendante des autres parties du filtre; cela permet l'adaptation des conditions électriques en fonction de la taille et de la concentration des particules dans chaque champ.

Dans le cas des précipitateurs fil-cylindre, l'électrode ionisante est tendue le long de l'axe du cylindre placé verticalement (figure 1.2.*b*). Classiquement, le dépôt de particules formé sur la face intérieure du cylindre est nettoyé par intermédiaire d'un film liquide. Ainsi, les agglomérats se détachent et, sous l'influence de la gravité, ils tombent dans les trémies situées dans la partie inférieure du filtre. C'est pour cette raison que ce type de filtre électrostatique est fréquemment utilisé pour enlever des particules liquides (divers acides, huiles), le goudron, etc.

En dehors des électrodes de collecte et d'ionisation (souvent appelées électrodes émissives ou injectrices), un filtre électrostatique comporte aussi des systèmes de frappage et d'extraction des poussières, un dispositif de répartition des gaz, constitué en général par des grilles ou des chicanes placées en amont, ainsi qu'une alimentation haute tension en général continue. Lors du dimensionnement d'un précipitateur électrostatique plusieurs paramètres doivent être pris en considération. Parmi ceux-ci, les plus importants sont: la concentration et la nature des poussières (granulométrie et résistivité électrique des particules), la vitesse moyenne et la température du gaz à travers le filtre, les pertes de pression acceptées par l'installation, etc...

En général, un précipitateur électrostatique peut être alimenté par une haute tension positive ou négative. Cependant, pour une configuration d'électrodes donnée, la valeur du potentiel électrique à partir de laquelle se produit l'amorçage de la décharge couronne, ainsi que celle du potentiel de claquage entre les électrodes sont plus grandes en polarité négative. Afin d'obtenir un maximum de l'intensité du champ électrique et d'efficacité de collecte, les électrodes d'ionisation des filtres industriels sont portées à un potentiel négatif et les plaques collectrices sont reliées à la terre.

1.1.2.2. Electrofiltres à deux étages

Les filtres électrostatiques à double étage ont une construction plus compliquée ce qui conduit à des coûts de fabrication plus élevés. C'est la principale raison pour laquelle ces appareils ont des dimensions réduites et sont utilisés principalement pour la filtration de l'air ambiant dans certains bâtiments et halles de production. Les deux sections d'un tel filtre sont alimentées séparément en tension ce qui nécessite en général une double source de tension ainsi que des câblages électriques séparés. Le premier étage, nommé ionisateur, comporte des électrodes de décharge en forme de fil ou de tube. Les électrodes de collecte peuvent être soit des plaques parallèles et équidistantes, soit des cylindres coaxiaux. La figure 1.3 présente une vue schématique d'un précipitateur à deux étages ayant des électrodes de collecte sous forme de plaques. Un problème pour ce type de précipitateurs est l'impossibilité d'utiliser le système de frappage car il provoque le ré-envol des poussières non chargées. Le lavage des électrodes est donc adopté. Afin d'avoir une production d'ozone la plus faible possible, les électrodes couronne sont portées à un potentiel électrique de polarité positive.

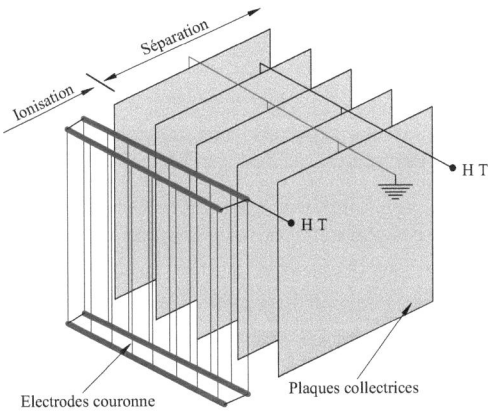

Figure 1.3 - *Vue schématique d'un précipitateur électrostatique à double étage avec des électrodes de collecte planes.*

1.1.2.3. Electrofiltres humides

Pour les précipitateurs électrostatiques usuels il existe une valeur de la résistivité des particules au-delà de laquelle les performances de séparation sont terriblement dégradées; une possibilité consiste alors à utiliser des électrofiltres dits humides. En comparaison avec les électrofiltres classiques, ceux humides utilisent en plus un film d'eau pour enlever le dépôt sur les surfaces des électrodes de collecte. La réalisation technique est beaucoup plus compliquée car, dans ce cas, il est nécessaire d'ajouter un système de pompage et de distribution d'eau sur les électrodes de dépôt. En plus, l'effluent à traiter est au préalable saturé en vapeur d'eau ce qui demande une très bonne régulation du courant à travers l'espace inter-électrodes afin d'éviter des courts-circuits. Tout ceci conduit à des coûts d'investissement et à des dépenses

d'énergie très élevés par rapport aux filtres secs. Malgré ces inconvénients, les électrofiltres humides sont présents dans certaines applications pratiques en raison de quelques avantages, parmi lesquels les plus importantes sont:
- les rendements de filtration sont supérieurs à ceux des électrofiltres secs;
- le ré-entraînement des particules collectées est inexistant;
- les performances de séparation sont indépendantes de la résistivité des poussières.

Ce travail est dédié essentiellement aux électrofiltres secs du type plaque-plaque en raison de l'importance de cette classe d'électrofiltres dans la précipitation électrostatique.

1.1.3. Phénomènes mis en jeu

Une bonne compréhension du fonctionnement des précipitateurs électrostatiques impose une très minutieuse investigation pour chaque processus qui se déroule à l'intérieur de ces appareils. Une telle étude comporte des difficultés importantes, car entre les phénomènes se produisant lors du fonctionnement d'un électrofiltre existent de fortes interactions. Cela demande donc, non seulement une bonne connaissance de ces phénomènes mais, surtout, une fine perception des liens existants entre ceux-ci.

Le transport des particules à l'intérieur d'un filtre électrostatique dépend de plusieurs facteurs, habituellement groupés en deux catégories. Dans la première catégorie se trouvent ceux de nature électrique, comme la distribution du champ électrique et la densité de la charge d'espace ionique entre les électrodes. Essentielle pour la séparation est aussi la charge électrique acquise par les particules au cours de leur trajet à l'intérieur du filtre. L'autre groupe de paramètres réunit toutes les grandeurs caractérisant l'écoulement gazeux. Il comprend en particulier la différence de pression du gaz entre l'entrée et la sortie du filtre qui, en l'absence d'effets électriques, détermine sa vitesse moyenne, le degré de turbulence, le profil de la vitesse, la température, etc…Cet écoulement porte généralement le nom d'écoulement primaire ou principal (également appelé flux principal) à travers un électrofiltre [1].

Les conditions électriques au sein d'un électrofiltre sont directement reliées à la forme géométrique des électrodes et à la polarité du potentiel appliqué. Pour voir la complexité du problème, nous rappelons, par exemple, que les électrodes d'ionisation peuvent être de simples fils ou, comme nous verrons dans la section 1.3, avoir une forme plus compliquée: des tiges avec pointes, des spirales, des bandes, etc…La forte intensité du champ électrique au voisinage de ces électrodes conduit à l'apparition de décharges couronne, responsables elles-mêmes de la création de la charge d'espace ionique. L'étude théorique du champ et de la charge ionique demande d'abord des connaissances sur les décharges électriques dans les gaz, plus particulièrement sur la décharge couronne. Très souvent on fait appel à des méthodes d'investigation numérique, lourdes à gérer, qui demandent, dans le même temps, des grands efforts de calcul.

Le processus de charge des particules est un autre aspect important de ce problème. Il faut d'abord comprendre les phénomènes de base qui amènent les ions à s'attacher aux particules. Le calcul de la charge électrique d'une particule nécessite la connaissance, en chaque point, de l'intensité du champ électrique et de la densité de charge d'espace, ainsi que d'autres facteurs qui peuvent influencer sa trajectoire. Il existe plusieurs modèles qui permettent le calcul de la charge d'une particule sphérique, mais pour instant, il manque des mesures expérimentales très précises permettant de calibrer ces modèles.

L'écoulement du gaz se déroule d'une façon spécifique pour chaque précipitateur électrostatique. Cependant, il existe deux paramètres principaux qui influencent directement l'efficacité de collection: la vitesse moyenne du gaz et l'intensité de la turbulence. Sans rentrer dans les détails, l'étude de l'écoulement gazeux impose de prendre en compte le couplage entre les grandeurs électriques et mécaniques, car la turbulence n'est pas seulement générée par la différence de pression entre l'entrée et la sortie du filtre, mais aussi par les phénomènes associés à la décharge couronne et au mouvement des ions et des particules dans le champ électrique. Les chocs entre les molécules neutres du gaz et les ions accélérés par le champ électrique déterminent, en l'absence d'écoulement moyen, l'apparition du vent ionique – un mouvement du gaz allant des électrodes ionisantes vers les électrodes collectrices. En présence d'écoulement forcé, les forces électriques génèrent un écoulement secondaire; le mouvement du gaz au sein d'un électrofiltre sera donc le résultat des contributions du flux primaire et de l'écoulement secondaire. Dans la littérature spécialisée, on l'appelle souvent mouvement électroaérodynamique [1,2]. Beaucoup d'auteurs ont réalisé des études théoriques et expérimentales dans ce domaine. Pourtant, l'intensité de la turbulence est très souvent mesurée ou calculée dans des situations bien particulières qui fournissent peu d'information dans des cas plus généraux.

Basés sur ces concepts ainsi que sur l'observation directe du fonctionnement de certains filtres électrostatiques, plusieurs modèles de précipitation électrostatique ont vu le jour. Dans le passé, des modèles théoriques simples ont été développés et utilisés pendant un demi-siècle afin de dimensionner les électrofiltres. Cependant, leur mise en œuvre pratique, du fait des simplifications appliquées, engendre des erreurs de conception. Plus récemment, des modèles plus raffinés qui considèrent une valeur finie de l'intensité turbulente ont été développés, sans toutefois recevoir de vérifications expérimentales. De nos jours des modèles numériques de fonctionnement des électrofiltres sont apparus, mais ils négligent certains aspects soit sur la partie électrique, soit sur la partie de mécanique des fluides. Ainsi, malgré tous les efforts au cours des années, la précipitation électrostatique reste un domaine dans lequel l'empirisme occupe une place encore importante et la conception de nouvelles installations passe systématiquement par une loi de similitude avec des installations existantes ou des maquettes.

De l'ensemble des points présentés très brièvement dans ce paragraphe nous pouvons retenir les idées suivantes:

- la précipitation électrostatique met en jeu des phénomènes électriques, aérauliques et mécaniques des suspensions qui sont étroitement liés;

- une simulation fine du fonctionnement d'un électrofiltre nécessite la mise en œuvre de méthodes permettant de calculer localement l'ensemble des grandeurs électriques et aérodynamiques;

- afin de connaître l'évolution dans le temps de la charge électrique des particules, il est nécessaire de déterminer leurs trajectoires en fonction des données électriques et mécaniques.

1.2. Modèles du fonctionnement des filtres électrostatiques

Estimer l'efficacité de séparation d'un nouveau précipitateur électrostatique en vue de sa réalisation pratique reste encore un problème difficile. L'importance d'un dimensionnement correct représente finalement un problème économique car, entre le gabarit d'un filtre et son coût total de fabrication il y a une liaison très étroite. Au cours du temps plusieurs travaux ont été menés pour créer des modèles théoriques capables d'offrir des informations sur le rendement du fonctionnement de certaines installations. Au début il y a eu des approches simples, semi-empiriques, qui ont leurs racines dans les observations directes sur le fonctionnement des électrofiltres déjà existants. Ce sont les modèles qu'on appelle analytiques; ils permettent de décrire l'efficacité de collecte en fonction de paramètres géométriques, électriques et mécaniques. De nos jours, le développement des moyens de calcul ont permis de mettre au point des modèles numériques, basés sur la simulation des phénomènes produits au sein d'un électrofiltre.

1.2.1. Efficacité de collecte d'un électrofiltre

Les performances globales du fonctionnement d'un filtre électrostatique sont quantifiées par une grandeur nommée efficacité totale de collection (ou rendement de collection) η_t, définie par la relation:

$$\eta_t = 1 - \frac{M_s}{M_e}, \tag{1.1}$$

où M_e et M_s représentent la masse totale de particules respectivement à l'entrée et à la sortie du filtre. Souvent, dans la littérature, η_t est appelée efficacité totale massique de collection.

Les particules qui se trouvent dans une suspension représentent un système disperse (les particules ont des tailles différentes). En général, dans le cas des précipitateurs électrostatiques, les particules supposées sphériques sont groupées en fonction de leur dimension, en classes de taille. Chaque classe de taille est caractérisée par un diamètre moyen d_p. On appelle efficacité fractionnaire de collection η_f, le rendement de collection pour les particules d'une taille donnée. Par exemple, pour la classe i, l'efficacité de collection est définie par la relation:

$$\eta_f^{\,i} = 1 - \frac{m_s\left(d_p^{\,i}\right)}{m_e\left(d_p^{\,i}\right)} = 1 - \frac{c_s\left(d_p^{\,i}\right)}{c_e\left(d_p^{\,i}\right)}, \tag{1.2}$$

où $m_e(d_p^{\,i})$ et $m_s(d_p^{\,i})$ sont les masses de particules de la classe i à l'entrée et à la sortie du précipitateur. L'efficacité fractionnaire peut être exprimée aussi en termes de concentrations, dans l'expression (1.2) $c_e(d_p^{\,i})$ et $c_s(d_p^{\,i})$ étant les concentrations moyennes des particules de la classe i à l'entrée et à la sortie du filtre.

1.2.2. Migration des particules

En présence du champ électrique, les particules chargées présentes à l'intérieur d'un électrofiltre subissent une force proportionnelle à la charge électrique; c'est la force de *Coulomb*. La présence de cette force a comme résultat un mouvement des particules vers les plaques collectrices, processus appelé migration des particules. Dans un premier temps, nous nous proposons de caractériser ce processus de migration, dans le cas simple correspondant aux hypothèses suivantes:
- les particules sont sphériques, solides et indéformables; il n'y a aucune interaction entre elles;
- les particules en mouvement perturbent l'écoulement gazeux de façon négligeable;

- l'écoulement du gaz est laminaire et plan; donc la composante de vitesse du gaz dans la direction perpendiculaire aux plaques est nulle;
- la répartition spatiale du champ électrique à l'intérieur du filtre est uniforme.

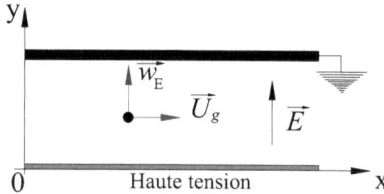

Figure 1.4 - *Schéma explicatif pour le mouvement d'une particule chargée entre deux plaques parallèles.*

Soit une particule de diamètre d_p, de charge électrique q_p et de vitesse $\vec{w}_E$, se trouvant dans un écoulement de gaz de vitesse $\vec{U}_g$ soumise à un champ électrique supposé uniforme et constant, $\vec{E}$ (voir la figure 1.4). Le déplacement de celle-ci à l'intérieur du précipitateur est donné par la relation d'équilibre mécanique:

$$m_p \cdot \frac{d\vec{w}_E}{dt} = \vec{F}_e + \vec{F}_f, \qquad (1.3)$$

où m_p représente la masse de la particule, $\vec{F}_e$ et $\vec{F}_f$ sont la force électrique et la force de traînée données par les expressions suivantes [1]:

$$\vec{F}_e = q_p \cdot \vec{E} \qquad (1.4)$$

$$\vec{F}_f = c_f(\mathrm{Re}_p) \cdot S_p \cdot \frac{\rho_g}{2} \cdot w_E \cdot \vec{w}_E \qquad (1.5)$$

Dans la relation (1.5) $c_f(Re)$ est le coefficient de traînée, S_p représente la section droite de la particule (la section de particule interceptée par le fluide), ρ_g est la densité du gaz porteur et w_E est la vitesse relative de la particule par rapport au gaz. Le coefficient de traînée dépend du nombre de *Reynolds* Re_p de la particule qui représente le rapport entre les forces d'inertie et les effets visqueux [3]:

$$\mathrm{Re}_p = \frac{d_p \cdot w_E}{\nu_g} \qquad (1.6)$$

où ν_g est la viscosité cinématique du gaz. Si $Re_p \ll 1$, condition respectée dans le cas des électrofiltres [1, 4], lorsque les particules ont un diamètre inférieur à 20 µm, le coefficient de traînée a l'expression suivante [1]:

$$c_f = \frac{24}{Re_p} \quad (1.7)$$

Dans cette situation, la force de frottement entre une particule sphérique et le gaz est donnée par la relation de *Stokes* [1]:

$$\vec{F}_f = -3 \cdot \pi \cdot \eta_g \cdot d_p \cdot \vec{w}_E \cdot \frac{1}{Cu(d_p, \lambda_g)}, \quad (1.8)$$

où η_g est la viscosité dynamique du gaz. Si la dimension de la particule est comparable au libre parcours moyen des molécules du gaz λ_g, les particules vont se déplacer dans un milieu discontinu. Dans ce cas, l'expression (1.8) doit être corrigée par le facteur de *Cunningham* [1]:

$$Cu = 1 + 1.246 \frac{2 \cdot \lambda_g}{d_p} + 0.42 \frac{2 \cdot \lambda_g}{d_p} \exp\left(-0.87 \frac{d_p}{2 \cdot \lambda_g}\right) \quad (1.9)$$

La figure 1.5 présente la variation du facteur de *Cunningham* en fonction du diamètre des particules dans le cas de l'air ambiant (λ_g = 0,065 µm). En remplaçant dans la relation (1.3) l'expression de chaque force, la migration de la particule est caractérisée par la solution de l'équation différentielle suivante:

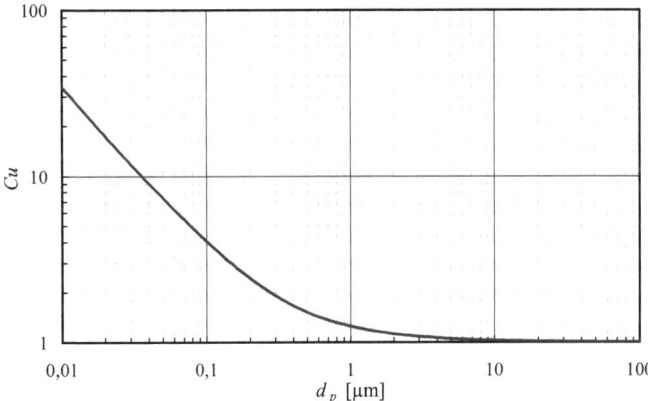

Figure 1.5 - *Variations du facteur de correction de Cunningham en fonction du diamètre des particules.*

$$\frac{dw_E}{dt} + \frac{3 \cdot \pi \cdot \eta_g \cdot d_p}{m_p \cdot Cu} \cdot w_E - \frac{q_p}{m_p} \cdot E = 0, \qquad (1.10)$$

où la vitesse w_E d'une particule dans la direction normale aux plaques est connue dans la littérature sous le nom de vitesse de migration (drift velocity en anglais).

Si on considère qu'au moment initial $t = 0$, la vitesse w_E de la particule est nulle, la solution de (1.10) donne l'évolution suivante au cours du temps:

$$w_E(t) = w_{th} \cdot \left[1 - \exp\left(-\frac{t}{\tau_p}\right)\right], \qquad (1.11)$$

où w_{th} est appelée vitesse de migration théorique [1,2,4] et a l'expression suivante:

$$w_{th} = \frac{q_p \cdot E}{3 \cdot \pi \cdot \eta_g \cdot d_p} \cdot Cu \qquad (1.12)$$

Dans la relation (1.11), τ_p est le temps de relaxation de la particule considérée, qui dépend de la masse et de la taille de particule ainsi que de la viscosité dynamique du gaz porteur:

$$\tau_p = \frac{m_p}{3 \cdot \pi \cdot \eta_g \cdot d_p} \cdot Cu = \frac{\rho_p \cdot d_p^2}{18 \cdot \eta_g} \cdot Cu, \qquad (1.13)$$

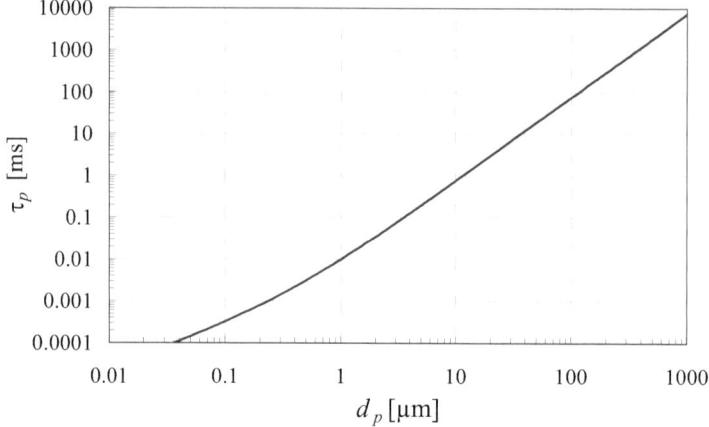

Figure 1.6 - *Variations du temps de relaxation en fonction du diamètre des particules* ($\eta_g = 1,85 \cdot 10^{-5}$ kg/m·s *et* $\rho_p = 2700$ kg/m3).

où ρ_p est la masse volumique des particules. Le temps τ_p caractérise le comportement transitoire de la particule jusqu'au moment où celle-ci se déplace avec la vitesse constante w_{th}. On remarque que le temps de relaxation est indépendant des conditions électriques à l'intérieur du filtre. La figure 1.6 montre les variations de τ_p en fonction du diamètre des particules. Il faut noter que pour les fines particules ($d_p \leq 1$ μm) ce temps est très faible ($\tau_p \leq 10$ μs).

La vitesse de migration théorique (1.12) représente, dans cette approche, la valeur stationnaire de la vitesse des particules dans la direction du champ électrique (perpendiculaire sur les plaques collectrices); elle caractérise le processus de migration des particules à l'intérieur de l'électrofiltre. L'ensemble des modèles analytiques est basé sur ce concept.

Une étude sur la vitesse théorique de migration nécessite la connaissance de la charge électrique des particules, en fonction de leur taille. La section 1.4 est dédiée exclusivement aux mécanismes de charge des particules et aux modèles théoriques existants. Cependant, pour montrer la variation de w_{th} en fonction de la taille des particules on fait appel à une relation simple de calcul de la charge établie par *Cochet* [5]. Cela donne la charge limite par champ (appelée aussi charge de saturation) q_p^s (notée aussi q_p^∞) d'une particule qui se trouve dans un champ électrique d'intensité E (elle offre une bonne corrélation avec les résultats expérimentaux pour $d_p > 0,3$ μm) [5]:

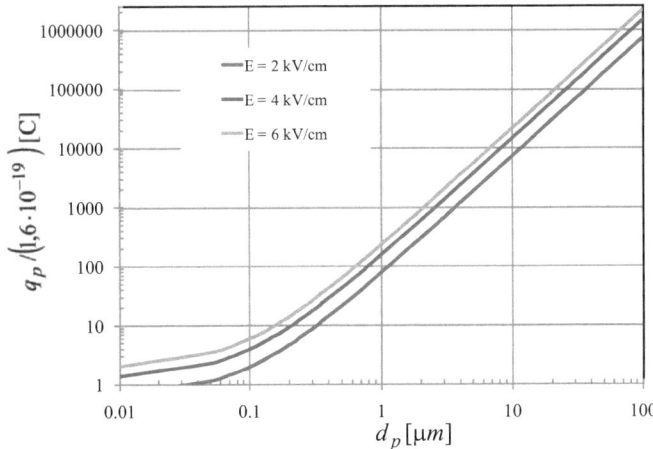

Figure 1.7 - *Variations de la charge des particules prédite par la relation de Cochet en fonction du diamètre d_p ($\lambda_g = 0,065$ μm et $\varepsilon_r = 4,5$).*

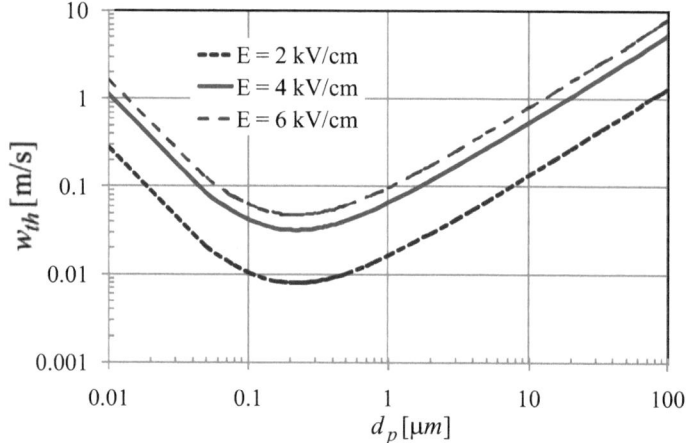

Figure 1.8 - *Variations de la vitesse de migration théorique w_{th} en fonction de la taille des particules (λ_g = 0,065 µm et η_g = 1,85 ·10-5 kg/m·s).*

$$q_p^s = \left[\left(1+\frac{2\cdot\lambda_g}{d_p}\right)^2 + \left(\frac{2}{1+2\cdot\lambda_g/d_p}\right)\cdot\left(\frac{\varepsilon_r-1}{\varepsilon_r+2}\right)\right]\cdot\pi\cdot\varepsilon_0\cdot d_p^{\,2}\cdot E, \quad (1.14)$$

où ε_0 = 8,85·10^{-12} F/m est la permittivité du vide et ε_r est la constante diélectrique des particules considérée ici égale à 4,5. La figure 1.7 présente les variations de la charge limite en fonction du diamètre des particules en considérant plusieurs valeurs de l'intensité du champ électrique E.

En utilisant les résultats sur la charge électrique des particules montrés dans la figure 1.7, on peut évaluer les valeurs de la vitesse théorique w_{th} (figure 1.8). On observe que la variation de la vitesse w_{th} en fonction du diamètre des particules passe par une valeur minimale pour d_p égale à environ 0,35 µm. Une faible vitesse de migration diminue le transport des particules vers les plaques collectrices et par conséquent l'efficacité de collecte. On peut anticiper ici une première conclusion qui résulte de cette approche théorique simple: dans le cas des filtres électrostatiques, les plus mouvais rendements de séparation sont obtenus pour les particules d'un diamètre compris entre 0,1 et 1 µm.

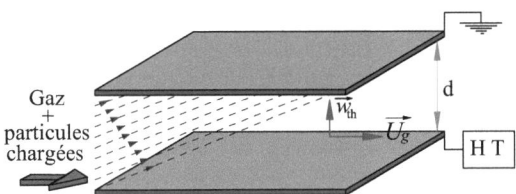

Figure 1.9 - *Illustration schématisée du modèle laminaire.*

1.2.3. Modèle laminaire

Le modèle analytique le plus simple du fonctionnement d'un électrofiltre considère un écoulement laminaire du gaz avec un profil de vitesse plat, entre deux plaques parallèles portées à un potentiel électrique différent. On admet que les particules en suspension dans le gaz ont toutes la même charge électrique. Elles se déplacent dans la direction axiale avec la vitesse moyenne d'écoulement et subissent l'action du champ électrique. Les trajectoires sont donc des lignes droites déterminées par les vitesses U_g et w_{th} (figure 1.9) [1,4].

Une particule chargée qui entre dans la zone du champ à une distance d de la plaque collectrice sera collectée au bout d'un temps $t = d/w_{th}$; pendant ce temps, la particule se déplaçant dans la direction d'écoulement du gaz aura parcouru une distance:

$$L_D = \overline{U}_g \cdot \frac{d}{w_{th}}, \tag{1.15}$$

où $\overline{U}_g$ est la vitesse moyenne du gaz. Donc toutes les particules de la même taille, identiquement chargées, seront collectées à une distance égale ou inférieure à L_D. L'efficacité fractionnaire η_f de collection peut être alors calculée par la relation suivante:

$$\eta_f(d_p) = \min\left[\frac{w_{th}(d_p, E, q_p) \cdot L}{\overline{U}_g \cdot d}, 1\right] \tag{1.16}$$

Ce schéma est très éloigné de la réalité. Il y a d'abord les conditions électriques qui peuvent être très différentes de ce schéma de particules chargées instantanément se déplaçant dans une zone de champ électrique uniforme. Mais l'hypothèse la plus forte est celle d'un écoulement laminaire du gaz avec un profil plat de la vitesse. Cependant, dans le cas de certains précipitateurs à double étage, ce modèle peut constituer le point de départ de l'étude sur la collection des particules.

1.2.4. Modèle de Deutsch

Dans les précipitateurs électrostatiques industriels l'écoulement du gaz est toujours turbulent. Le mouvement des particules est essentiellement déterminé par la présence simultanée des tourbillons et des forces électriques qui s'exercent sur elles. Ainsi, les trajectoires des particules sont très compliquées et ne peuvent pas, en général, être déterminées par des expressions analytiques.

En 1919 *Anderson* [2] remarqua à la suite d'une série d'expériences que la quantité de particules échappant à la filtration décroissait exponentiellement en fonction de la longueur du filtre. Trois ans plus tard *Deutsch* [4], suite à une analyse théorique, retrouva la même dépendance entre l'efficacité de collecte et les dimensions du précipitateur. Dans les années '50, *White* [4] déduira une expression analogue basée sur la probabilité de collection des particules mono-dispersées.

Deutsch [4] distingue deux zones dans le filtre électrostatique:
- le cœur du précipitateur, où la concentration des particules est considérée uniforme dans la section transversale. La vitesse moyenne d'écoulement est supposée constante;
- les couches limites d'épaisseur δ situées au voisinage des plaques collectrices, où l'écoulement du gaz est considéré uniforme (figure 1.10).

Considérer une concentration des particules uniforme dans toute section transversale du filtre est équivalent à supposer qu'il existe un mélange parfait de la suspension gaz–particules. Ceci revient en fait à considérer une turbulence d'intensité infinie dans le cœur du précipitateur. Une particule peut être collectée seulement si elle se trouve dans la couche laminaire située près de chaque paroi, là où les forces de *Coulomb* dominent l'entraînement par le fluide. Dans cette zone le champ électrique est supposé uniforme et la vitesse des particules dans la direction perpendiculaire aux plaques est supposée constante et de valeur calculée par l'expression (1.12).

Considérons deux sections transversales situées à une distance dx l'une de l'autre, dans la direction d'écoulement du gaz (figure 1.10). Dans le volume ($dx \cdot h \cdot d$), où h représente la hauteur des plaques, on distingue: $\left(c \cdot \overline{U}_g \cdot h \cdot d\right)$ - le flux de particules qui entre par la section située à l'abscisse x, $\left(c - dc\right) \cdot \overline{U}_g \cdot h \cdot d$ - le flux de particules non collectées sortant par la section située à l'abscisse $x+dx$ et le flux de particules captées sur la distance dx - $\left(c \cdot w_E \cdot h \cdot dx\right)$. Par un bilan massique on trouve:

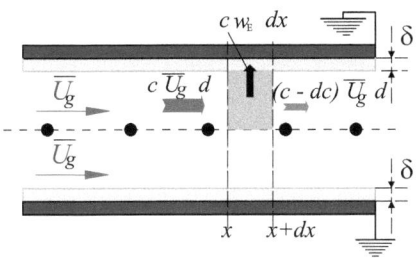

Figure 1.10 - *Modèle de Deutsch: représentation schématisée des couches laminaires et du bilan massique de particules sur une longueur élémentaire dx.*

$$c \cdot \overline{U}_g \cdot h \cdot d = (c - dc) \cdot h \cdot \overline{U}_g \cdot d - c \cdot w_E \cdot h \cdot dx \qquad (1.17)$$

En intégrant sur toute la longueur L du filtre, on obtient la dépendance entre la concentration des particules à l'entrée et à la sortie du précipitateur:

$$c_s(d_p) = c_e(dp) \cdot \exp\left[-\frac{w_E(d_p) \cdot L}{d \cdot \overline{U}_g}\right] \qquad (1.18)$$

ce qui conduit à la formule de *Deutsch – Anderson* [4]:

$$\eta_f(d_p) = 1 - \exp\left[-\frac{w_E(d_p) \cdot L}{\overline{U}_g \cdot d}\right] = 1 - \exp\left[-w_E(d_p) \cdot \frac{S}{D_g}\right] \qquad (1.19)$$

où S est la surface totale des électrodes collectrices et D_g est le débit volumique du gaz.

L'expression de *Deutsch* (1.19) a constitué la base du dimensionnement de tous les précipitateurs électrostatiques jusque dans les années 70. Même de nos jours, le modèle de *Deutsch* est constamment utilisé comme première étape dans les calculs des nouveaux filtres. Au cours du temps de nombreuses études ont porté sur ce modèle. *White* [4] est le premier qui a examiné très rigoureusement les fondements théoriques de l'expression (1.19). En 1960 *Cooperman* [6] et ensuite *Robinson* [7], en 1968, ainsi que d'autres auteurs [8,9] ont émis de sérieuses critiques sur ce modèle. Dans une ample étude, *Rhiele et. al.* [10] montrent l'influence très importante de la distribution en taille des particules sur le rendement de séparation prédit par l'équation (1.19).

Dans le modèle de *Deutsch*, l'hypothèse la plus discutée est celle concernant la concentration des particules qui est supposée constante dans la section transversale du filtre. Nous reviendrons sur cette question au cours de cette étude. En anticipant, la concentration réelle de particules dans une section transversale est loin d'être uniforme; la structure d'écoulement du gaz, ainsi que le phénomène d'électrophorèse [11] éliminent les particules de la zone centrale pour les diriger vers les parois. En général, la vitesse des particules perpendiculaire à la plaque est considérée égale à la vitesse de migration théorique, exprimée par la relation (1.12). Une discussion détaillée sur cet aspect sera réalisée dans le chapitre 3.

Le modèle de *Deutsch* ignore tous les phénomènes qui peuvent diminuer le rendement de collection comme, par exemple, le ré-entrainement des particules collectées par le flux gazeux, l'influence de la charge d'espace des particules sur la décharge couronne, etc…D'après certains auteurs [11,12] la prise en compte de ces phénomènes peut être réalisée en faisant des corrections sur la valeur de la vitesse de migration présente dans l'équation de *Deutsch*.

1.2.5. Modèle de Leonard, Mitchner et Self

En essayant d'éliminer l'une après l'autre les hypothèses fortes du modèle de *Deutsch*, d'autres approches plus élaborées ont été développées. L'influence de la turbulence du flux gazeux sur le transport des particules a été prise en compte en utilisant le concept de diffusivité turbulente D_t. Le premier auteur qui a utilisé ce concept pour décrire le transport des particules a été *Friedlander* [13]. Il suppose une diffusivité turbulente qui décroît continûment du centre du précipitateur vers les plaques, ce qui signifie que le phénomène de diffusion conduit à une augmentation de la concentration des particules près des parois. Plus tard, *Cooperman* [6] a conçu un autre modèle basé sur le même principe en ajoutant un autre paramètre pour prendre en compte le ré-entraînement qui diminue l'efficacité de séparation. Continuant dans le même esprit, en 1980 *Leonard et al.* [14] ont mis au point un modèle considérant une diffusivité turbulente finie et uniforme. Ce modèle offre une bonne base théorique en caractérisant de manière raisonnable le transport des particules à l'intérieur d'un électrofiltre.

Comme on l'a vu dans la section précédente, l'hypothèse principale du modèle de *Deutsch* est de supposer que la concentration de particules est uniforme dans chaque section transversale du flux principal. Cela correspond à considérer un coefficient de diffusivité turbulente infinie. Une valeur finie de D_t correspond à un effet de diffusion qui ne contrecarre que partiellement l'effet du champ électrique présent entre les électrodes; il en résulte que la concentration de particules est non uniforme dans la direction perpendiculaire aux parois et est croissante lorsqu'on va du plan médian vers les parois collectrices.

Le modèle de *Leonard et al.* consiste, dans un premier temps, à schématiser l'influence de l'écoulement turbulent (avec sa structure complexe: convection par mouvement secondaire à grande échelle et turbulence à petite échelle) en le ramenant à un effet de « diffusion » (ce qui est une démarche classique dans les problèmes de turbulence). Cela permet de simplifier considérablement le système d'équations et d'aboutir à une équation de convection-diffusion.

Ces auteurs considèrent comme point de départ l'équation de conservation pour les particules [14]:

$$\frac{\partial c}{\partial t} + div(c \cdot \vec{V}_p) = 0, \quad (1.20)$$

où $c(x,y,z)$ est la concentration de particules. Pour être en accord avec les notations utilisées dans la littérature nous considérons ici que l'axe Oz est perpendiculaire aux plaques collectrices (voir la figure 1.11). La vitesse de particules $\vec{V}_p$ peut alors s'écrire:

$$\vec{V}_p = \vec{U}_g + \vec{U}_E = \begin{cases} u + u_E \\ v + v_E \\ w + w_E \end{cases}, \quad (1.21)$$

où u, v, w sont les composantes de la vitesse du gaz selon les axes Ox, Oy, Oz et u_E, v_E, w_E représentent les composantes de la vitesse des particules chargées sous l'effet du champ électrique. En développant l'équation (1.20) compte tenu du fait que dans le cas d'un précipitateur électrostatique le flux gazeux peut être considéré comme incompressible (la valeur du gradient de pression entre l'entrée et la sortie du filtre justifie cette hypothèse), on arrive à:

$$\frac{\partial c}{\partial t} + (u + u_E) \cdot \frac{\partial c}{\partial x} + (v + v_E) \cdot \frac{\partial c}{\partial y} + (w + w_E) \cdot \frac{\partial c}{\partial z} + \\ c \cdot \frac{\partial u_E}{\partial x} + c \cdot \frac{\partial v_E}{\partial y} + c \cdot \frac{\partial w_E}{\partial z} = 0. \quad (1.22)$$

En décomposant la vitesse du gaz et la concentration de particules en parties moyenne et fluctuante, $u = \overline{u} + u'$, $v = \overline{v} + v'$, $w = \overline{w} + w'$, et $c = \overline{c} + c'$ et en prenant la moyenne temporelle de l'équation ci-dessus, on obtient:

$$\overline{u} \cdot \frac{\partial \overline{c}}{\partial x} + \overline{v} \cdot \frac{\partial \overline{c}}{\partial y} + \overline{w} \cdot \frac{\partial \overline{c}}{\partial z} + u_E \cdot \frac{\partial \overline{c}}{\partial x} + v_E \cdot \frac{\partial \overline{c}}{\partial y} + w_E \cdot \frac{\partial \overline{c}}{\partial z} + \\ \frac{\partial \overline{c'u'}}{\partial x} + \frac{\partial \overline{c'v'}}{\partial y} + \frac{\partial \overline{c'w'}}{\partial z} + \overline{c} \cdot \frac{\partial u_E}{\partial x} + \overline{c} \cdot \frac{\partial v_E}{\partial y} + \overline{c} \cdot \frac{\partial w_E}{\partial z} = 0. \quad (1.23)$$

L'équation (1.23) est valable dans le cas d'une tension appliquée continue. Dans cette situation, les composantes fluctuantes de la vitesse $\vec{U}_E$ sont nulles ce qui conduit à $u_E = \bar{u}_E$, $v_E = \bar{v}_E$ et $w_E = \bar{w}_E$. Entre les composantes fluctuantes de la vitesse du gaz et celle de la concentration de particules existe une corrélation (les particules sont entraînées par le gaz et donc la composante fluctuante de la concentration c' dépend des composantes fluctuantes de la vitesse du gaz, respectivement u', v' et w'). Il en résulte donc qu'elles ne sont pas des variables indépendantes. D'une manière générale, dans les problèmes où intervient la turbulence, à la corrélation qui existe entre la fluctuation d'une grandeur scalaire (concentration, température, etc.) et les fluctuations de la vitesse d'un fluide on associe un effet moyen: un flux relié au gradient de la moyenne de la quantité scalaire (dans notre cas la concentration moyenne [15]). On peut donc écrire:

$$\overline{c' \cdot u'} = -D_{t_x} \cdot \frac{\partial \bar{c}}{\partial x}, \quad \overline{c' \cdot v'} = -D_{t_y} \cdot \frac{\partial \bar{c}}{\partial y} \quad \text{et} \quad \overline{c' \cdot w'} = -D_{t_z} \cdot \frac{\partial \bar{c}}{\partial z}, \quad (1.24)$$

où les coefficients D_{t_x}, D_{t_y} et D_{t_z} ont la dimension d'une constante de diffusion. Classiquement, lorsqu'il s'agit d'un flux (de particules) résultant d'un mouvement turbulent d'un fluide, ces coefficients sont appelés diffusivité turbulente. En introduisant les relations (1.24) dans (1.23) on obtient l'équation de convection diffusion:

$$\bar{u} \cdot \frac{\partial \bar{c}}{\partial x} + \bar{v} \cdot \frac{\partial \bar{c}}{\partial y} + \bar{w} \cdot \frac{\partial \bar{c}}{\partial z} + u_E \cdot \frac{\partial \bar{c}}{\partial x} + v_E \cdot \frac{\partial \bar{c}}{\partial y} + w_E \cdot \frac{\partial \bar{c}}{\partial z} -$$
$$D_{t_x} \cdot \frac{\partial^2 \bar{c}}{\partial x^2} - D_{t_y} \cdot \frac{\partial^2 \bar{c}}{\partial y^2} - D_{t_z} \cdot \frac{\partial^2 \bar{c}}{\partial z^2} + \bar{c} \cdot \frac{\partial u_E}{\partial x} + \bar{c} \cdot \frac{\partial v_E}{\partial y} + \bar{c} \cdot \frac{\partial w_E}{\partial z} = 0. \quad (1.25)$$

Dans un deuxième temps, *Leonard et al.* considèrent d'autres hypothèses qui permettent finalement d'obtenir une solution analytique de l'équation (1.25). Les principales hypothèses sont:
- le champ électrique est considéré uniforme;
- l'écoulement du gaz est supposé invariant selon la direction Oy et $\bar{w}_E = 0$;
- la diffusivité turbulente est considérée uniforme et isotrope $D_{t_x} = D_{t_y} = D_{t_z} = D_t$.

Lorsqu'on néglige l'influence de la charge d'espace des particules chargées sur le champ électrique, la dérivée de la vitesse w_E en fonction de z est nulle [16]. Dans ce cas, l'équation (1.25) se réduit à:

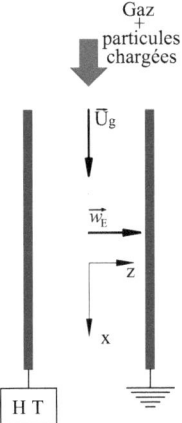

Figure 1.11 - *Représentation schématique du problème considéré par Leonard et al.* [14].

$$\overline{u} \cdot \frac{\partial \overline{c}}{\partial x} + w_E \cdot \frac{\partial \overline{c}}{\partial z} - D_t \cdot \left(\frac{\partial^2 \overline{c}}{\partial x^2} + \frac{\partial^2 \overline{c}}{\partial z^2} \right) = 0 \qquad (1.26)$$

Les deux premiers termes représentent le transport des particules par convection et migration tandis que les troisième et quatrième représentent le transport de particules associé à la diffusivité turbulente.

La résolution analytique de l'équation (1.26) sera plus détaillée dans le chapitre 3. A ce point on rappelle seulement les conditions aux limites nécessaires [14,17]:

$$\left| \frac{\partial \overline{c}}{\partial z} \right| = 0 \quad ou \quad \overline{c} = 0, \quad en \quad z = 0$$

$$\left| \frac{\partial \overline{c}}{\partial z} - \frac{\overline{c} \cdot w_E}{D_t} \right| = 0 \qquad en \quad z = d \qquad (1.27)$$

En adimensionnalisant l'équation (1.26), les auteurs introduisent un paramètre Pe, qui est appelé nombre de Peclet électrique, ayant l'expression suivante [14]:

$$Pe = \frac{w_E \cdot d}{D_t} \qquad (1.28)$$

Ce nombre mesure l'importance sur le transport des particules des forces électriques par rapport à l'entraînement dû à la turbulence. Ainsi, la théorie de *Deutsch* ($D_t = \infty$) correspond à $Pe = 0$ tandis que le cas laminaire correspond à $Pe = \infty$. L'efficacité de collecte dépend à la fois de la vitesse de migration des particules et du coefficient de diffusivité turbulente.

Une étude intéressante qui conforte la théorie de *Leonard* a été réalisée par *Self et al.* [18,19]. Ces auteurs ont résolu l'équation de convection-diffusion dans le cas d'un précipitateur nappe de fils-plaques, c'est à dire avec un champ électrique qui n'est plus uniforme. Ils montrent que pour la même valeur de l'intensité du champ électrique moyen sur les parois, l'efficacité de collection est pratiquement identique à celle obtenue dans le cas simple du champ uniforme.

Pour conclure, les méthodes analytiques développées pendant plusieurs décennies utilisent la vitesse de migration des particules comme point de départ. Cependant cette vitesse est très difficile à estimer, raison pour laquelle les résultats donnés par ces modèles sont en pratique toujours corrigés par des coefficients empiriques. Une partie de ce travail, contenue dans le chapitre 3, est consacrée à l'estimation de la vitesse de migration des particules, en utilisant les résultats expérimentaux obtenus avec un électrofiltre pilote ainsi que la théorie de *Leonard et al.*.

1.2.6. Modèles numériques

La modélisation numérique du fonctionnement des électrofiltres a commencé dans les années 70; c'est l'époque où les moyens électroniques de calcul ont commencé à se répandre rapidement. Avec l'augmentation de la capacité et de la vitesse de calcul des ordinateurs, des algorithmes de plus en plus complexes sont mis en œuvre avec succès par *McDonald* [20,21] en 1978, *Lawless* [22] en 1989, *Lawless & Altman* [23] en 1994, etc…Le principe de base de ces modèles consiste à prendre en compte les phénomènes physiques les plus importants mis en jeu au sein des électrofiltres en simplifiant dans le même temps les équations mathématiques qui décrivent ces phénomènes.

Les premiers modèles numériques [24] ont été développés en utilisant l'équation de *Deutsch* pour caractériser le transport des particules à l'intérieur du filtre. La vitesse de migration était calculée en tenant compte des distributions locales du champ électrique et de la charge d'espace ionique déterminées numériquement. Avec la vitesse de migration déterminée à partir de ces résultats, l'efficacité de collection était calculée par le modèle de *Deutsch*, pour chaque classe granulométrique. La comparaison avec des résultats expérimentaux obtenus sur des installations industrielles conduisait à déterminer des coefficients de correction pour prendre en compte les effets qui tendent à diminuer le rendement de séparation (ré-entraînement, frappage, etc…).

D'autres modèles numériques plus élaborés ont vu le jour dans les années plus récentes. En 1995 *Cristina et Feliziani* [25] ont développé un modèle numérique prenant en compte les effets électroaérodynamiques. Sans résoudre les équations pour le champ de vitesse du gaz, ils introduisent une composante de vitesse dans la direction perpendiculaire aux plaques proportionnelle à la racine carrée de l'intensité du courant ionique, hypothèse validée seulement dans le cas du vent électrique généré par un seul fil ionisant. En 1997 *Meroth* [26] et *Tochon* [11], ainsi que *Medlin* [27] en 1999 ont développé des travaux en essayant de considérer aussi l'effet de la dynamique du gaz et des poussières, l'évolution de la charge des particules le long de leur trajectoire, le taux de turbulence du flux gazeux, etc…

L'ensemble de ces modélisations implique toujours les mêmes composantes:
- résolution du problème électrique qui donne les distributions de champ électrique et de charge d'espace ionique;
- calcul des grandeurs mécaniques caractérisant l'écoulement du gaz avec prise en compte ou non de l'effet de la turbulence;
- détermination des trajectoires des particules discrètes et de l'évolution de la charge électrique de celles-ci (approche lagrangienne [26]) ou calcul des distributions de concentration des particules pour diverses classes de taille (approche eulérienne [27]).

Cependant, il ne faut pas perdre de vue qu'entre les phénomènes qui se produisent lors du fonctionnement d'un électrofiltre, il existe des couplages et des interdépendances réciproques qui alourdissent la résolution numérique des équations. Les forces électriques s'exerçant sur les charges d'espace dues aux ions et aux particules chargées doivent être prises en compte pour déterminer l'écoulement moyen, l'écoulement secondaire à grande échelle et le taux de turbulence. En général, la technique empruntée consiste à introduire dans les équations de *Navier-Stokes* un terme source de nature électrique. A cause de la complexité du problème, dans la très grande majorité des cas, les approches utilisées sont bidimensionnelles.

La distribution du champ électrique en présence de la charge d'espace est calculée à partir de l'équation *de Poisson*. Les conditions aux limites qui fixent le potentiel électrique sont des conditions de tension imposées aux électrodes ionisantes et aux plaques collectrices. La méthode numérique utilisée est souvent celle des éléments finis [28,29,30] mais il existe aussi un nombre important d'auteurs qui utilisent les techniques de différences finies [31,32] ou celle d'éléments de frontière [33]. *Medlin* [34] utilise une méthode de relaxation pour calculer la répartition du champ et de la charge d'espace. Par l'introduction d'un terme artificiel qui représente la dérivée par rapport au temps du potentiel électrique, il transforme l'équation de *Poisson* en une équation de type parabolique. La solution stationnaire de cette équation donne la distribution du potentiel électrique à partir de laquelle un maillage est généré pour permettre alors la résolution de l'équation de conservation de la charge électrique. Concernant le calcul de la distribution spatiale de la charge ionique, la méthode la plus répandue est celle des caractéristiques [35,30,36,37,38]. Une autre condition au contour est alors nécessaire pour calculer la répartition de la charge d'espace. La formulation complète du problème électrique pour le calcul du champ et de la charge sera exposée dans les chapitres 4 et 5.

Le champ de vitesse est obtenu à partir des équations de *Navier-Stokes* incluant le terme source dépendant du temps. Les méthodes numériques comme les différences finies, les éléments finis ou les volumes finis sont utilisées pour accéder aux valeurs locales du champ de vitesse. Le taux de turbulence est estimé en général à partir du modèle k-ε [39,40,41]. *Yamamoto et al.* [42,43] ou *Yabe et al.* [44] ont simplifié le problème de la dynamique du gaz en considérant seulement l'équation elliptique de la vorticité. Certains auteurs tiennent compte de la turbulence du gaz porteur en termes de diffusivité turbulente qui intervient dans calcul des trajectoires des particules (et influence donc leur charge [45,46,47]).

Le calcul de la charge des particules est essentiel pour déduire les trajectoires de celles-ci afin d'accéder à l'efficacité de collection. Il existe plusieurs modèles qui combinent la charge par champ et la charge par diffusion; les plus utilisés sont ceux de *Smith & McDonald* [48], *McDonald* [21], *Lawless et al.* [23], etc…Dans la section 1.3 nous reviendrons avec plus de détails sur les fondements et les mécanismes du processus de charge.

1.2.7. Commentaires et conclusion

Dans cette section, l'ensemble des modèles utilisés couramment dans la phase de dimensionnement des précipitateurs a été présenté et discuté. On a vu que les modèles analytiques sont basés sur une grandeur centrale appelée vitesse de migration. Cependant, les hypothèses considérées limitent leur validité à des situations particulières. On constate que le modèle de *Leonard et al.*, basé sur le concept de la diffusivité turbulente, est le plus complet mais le plus complexe parmi les modèles analytiques. L'hypothèse la plus sévère de celui-ci consiste à prendre une valeur uniforme et constante de la diffusivité turbulente.

Les méthodes numériques permettent d'intégrer certains paramètres empiriques pour tenir compte des phénomènes qui tendent à diminuer le rendement de collection (ré-entraînement, etc…). Elles nécessitent le calcul de la répartition du champ électrique et de la charge d'espace, ainsi que le calcul du champ de vitesses du gaz. Ensuite, ces méthodes demandent la détermination de la charge électrique accumulée par les particules au cours de leur trajet à l'intérieur du filtre. Nous remarquons donc la complexité des phénomènes qui interviennent dans le fonctionnement d'un électrofiltre. Toutes ces approches, nécessaires pour modéliser le fonctionnement des précipitateurs électrostatiques, seront discutées d'une manière critique dans les sections suivantes.

1.3. Décharge couronne et charge des particules

Comme on l'a vu précédemment, la force électrique qui s'exerce sur une particule chargée est directement proportionnelle à la charge qu'elle porte. Le processus de charge des particules est donc fondamental pour le fonctionnement des filtres électrostatiques. C'est la raison pour laquelle cette section est consacrée à la présentation du principe de charge de particules utilisé dans le cas des précipitateurs électrostatiques. Des considérations théoriques sur la décharge couronne font l'objet de la section 1.3.1; nous présentons les conditions nécessaires pour l'apparition d'une telle décharge ainsi que les divers régimes qui peuvent intervenir. Une discussion sur les électrodes d'ionisation utilisées dans les filtres électrostatiques est comprise dans la section 1.3.2. Enfin, les mécanismes et les modèles théoriques de charge de particules sont présentés dans la section 1.3.3.

1.3.1. Décharge couronne

Dans les précipitateurs électrostatiques la charge des particules est assurée par la présence d'une importante charge d'espace ionique située entre les électrodes. Cette charge spatiale est générée par la décharge couronne qui se produit à la surface des électrodes émettrices portées à un potentiel électrique élevé. Pour mieux comprendre la phénoménologie de l'effet couronne, quelques considérations générales sur la conduction électrique dans les gaz sont rappelées dans le paragraphe suivant.

1.3.1.1. Conduction électrique dans les gaz

La conduction électrique dans un milieu fluide est déterminée par la présence de porteurs de charge qui, sous l'effet d'un champ électrique, se déplacent dans le fluide et donnent lieu à un courant électrique. La densité de ces porteurs de charge conduit à la classification générale des matériaux en isolants et conducteurs électriques. Selon la nature du milieu, les porteurs de charge peuvent être des électrons libres ou des ions positifs ou négatifs.

Pour les gaz, le nombre d'électrons libres et d'ions qui sont créés de manière naturelle est très faible. Par exemple, dans l'atmosphère terrestre le nombre de paires électrons/ions générées par le rayonnement cosmique est inférieur à 10^7 par mètre cube et par seconde [11]. Dans un gaz les ions et les électrons sont soumis à l'agitation thermique comme les molécules. Si on applique dans le gaz un champ électrique macroscopique, il se superpose au mouvement d'agitation de l'ion ou de l'électron un mouvement de translation moyen (ou de dérive) parallèle au champ et dont le sens dépend du signe de la charge. La vitesse de dérive d'un ion est proportionnelle au champ électrique $\vec{E}$ et à la mobilité K_i:

$$\vec{v}_i = K_i \cdot \vec{E} \tag{1.29}$$

Cette vitesse de dérive des ions reste petite par rapport à celle due à l'agitation thermique. Malgré l'action du champ électrique extérieur, l'énergie cinétique reste pour l'ion pratiquement égale à l'énergie cinétique d'agitation. En effet, à chaque choc, l'ion échange de l'énergie cinétique avec les molécules neutres; il n'acquiert pas sensiblement d'énergie cinétique supplémentaire. Au contraire, pour un électron, les chocs élastiques avec les molécules n'entraînent que de faibles échanges d'énergie cinétique; malgré ces chocs il peut donc acquérir une énergie cinétique importante, bien plus grande que l'énergie d'agitation thermique. La conséquence immédiate est que dans un gaz soumis à un champ électrique extérieur, seuls les électrons acquièrent assez d'énergie cinétique pour dissocier les atomes, c'est-à-dire pour les ioniser.

Les électrons libres qui circulent dans certains gaz peuvent être capturés par les atomes ou molécules et forment des ions négatifs. Lorsque l'intensité du champ électrique extérieur dépasse une certaine valeur appelée champ électrique seuil ou champ disruptif local E_{RS}, les électrons accélérés accumulent une énergie suffisante pour provoquer l'ionisation des molécules neutres lors de chocs inélastiques. Ce phénomène a comme résultat l'apparition à la fois de nouveaux électrons et d'ions positifs.

Considérons l'émission photoélectrique d'électrons par une cathode sous l'action d'un faisceau lumineux; les deux électrodes se trouvent dans une enceinte remplie par un gaz sous une pression de quelques millimètres de mercure. Soit n_0 le nombre d'électrons émis par la cathode, ce qui correspond à un courant I_0, et n le nombre d'électrons reçus par l'anode, (courant I). L'expérience montre que [49,50]:

$$I(x) = I_0 \cdot \exp(\alpha \cdot x), \tag{1.30}$$

où x représente la distance entre les électrodes et α est le coefficient d'ionisation. Donc les électrons se multiplient selon la loi $n = n_0 \cdot \exp(\alpha \cdot x)$ et il en résulte que

$dn/dx = \alpha \cdot n$. En se déplaçant de dx dans le sens du champ, un électron produit donc $\alpha \, dx$ électrons. Le nombre d'électrons créés par un électron donné, dans un champ donné, est donc proportionnel à la distance dx parcourue par cet électron parallèlement au champ et au coefficient α qui est une constante qui ne dépend pas du nombre d'électrons [49]. Tous les électrons sont donc également ionisants; on peut dire que chaque électron primaire est à l'origine d'une « avalanche » électronique à multiplication exponentielle.

Considérons le cas d'un champ électrique fortement divergent, comme, par exemple, dans une configuration pointe-plan. Supposons aussi que la pointe a une polarité négative. Dans cette situation l'intensité du champ est très élevée au voisinage de la pointe et décroît rapidement vers la plaque. A mesure que les électrons s'éloignent de la pointe, l'énergie cinétique acquise par ceux-ci entre deux collisions successives diminue. Les phénomènes d'ionisation par chocs deviennent de plus en plus rares. De plus, une certaine proportion d'électrons libres disparaît par les mécanismes de recombinaison et d'attachement électronique. Une charge d'espace ionique se forme alors dans cette zone ce qui conduit à une baisse de l'intensité du champ électrique sur la pointe. Ainsi, la région située au voisinage de la pointe constitue la zone active, là où l'ionisation de l'air est très importante; on dit qu'une décharge électrique se produit dans cette région (figure 1.12).

L'évolution spatiale de la décharge est une fonction de la nature du gaz, de l'importance relative des mécanismes d'ionisation et d'attachement ainsi que de la densité d'électrons primaires présents dans le gaz. La théorie de *Townsend* [50,51] montre que le nombre de chocs ionisants par unité de longueur, pour une espèce moléculaire donnée, est caractérisé par le coefficient d'ionisation α (nommé aussi premier coefficient de *Townsend*). Le coefficient d'ionisation α inclut donc plusieurs processus: ionisation par chocs d'électrons, attachement et détachement [49,50,51]. La valeur de α dépend du champ électrique, de la nature et de la pression du gaz. Les gaz rares sont très facilement ionisables. Si le gaz est électronégatif il se produit une « fixation » des électrons ce qui implique une réduction de α. Dans le cas des gaz polyatomiques, les chocs avec les molécules polyatomiques font perdre beaucoup d'énergie aux électrons; il en résulte une diminution de α. Lorsque la pression est très grande, l'électron acquiert difficilement de l'énergie, les chocs avec les molécules étant trop nombreux. Au contraire, si la pression est très faible, l'électron acquiert une grande énergie mais ne rencontre pas beaucoup de molécules à ioniser. Dans les deux situations le coefficient d'ionisation a une valeur faible. Le facteur qui a l'influence la plus prononcée sur la valeur de α est le champ électrique. Le coefficient d'ionisation croît avec l'intensité du champ électrique. D'après *Felici*

[49], une relation approchée entre α et E qui caractérise bien le phénomène d'ionisation est:

$$\frac{\alpha}{p} = A \cdot \exp\left(-B \cdot \frac{p}{E}\right), \tag{1.31}$$

où A et B sont des constantes et p est la pression du gaz.

D'après la théorie de *Townsend*, des électrons primaires situés au voisinage de la pointe sont indispensables pour l'apparition d'une décharge. Cependant, il existe certains mécanismes qui permettent de générer quelques électrons initiaux à la surface de la pointe: le bombardement d'ions positifs, les photons incidents émis lors de la recombinaison ion-électron, l'effet *Malter* [52,49], etc…Les électrons issus de la pointe vont être à l'origine d'avalanches électroniques de la même façon que les électrons naturels. Cette émission d'électrons libres, appelée émission secondaire, détermine donc une augmentation du courant électrique à travers le gaz.

Lorsqu'un électron est libéré dans un gaz et s'il existe un champ électrique suffisamment important, il se multiplie. A partir de l'électron initial, le nombre d'électrons créés pour l'avalanche entière est inférieur ou égal à $\exp(\alpha \cdot d)$, où d est la distance entre les électrodes. On attend la limite $\exp(\alpha \cdot d)$ lorsque l'électron initial part de la cathode. Chaque électron a γ chances d'être régénéré par les mécanismes secondaires. γ est le deuxième coefficient qui intervient dans la théorie de *Townsend*. Si $\gamma \cdot \exp(\alpha \cdot d) > 1$, il est possible (mais non certain) que le phénomène s'amplifie indéfiniment [49,50]. Au contraire, si $\gamma \cdot \exp(\alpha \cdot d) < 1$, il est impossible qu'il y ait multiplication indéfinie de l'électron germe. On peut dire que la condition nécessaire mais non suffisante pour qu'une décharge électrique soit auto-entretenue (elle se maintient même si le courant d'électrons primaires I_0 est annulé) est la suivante [49]:

$$\gamma \cdot \exp(\alpha \cdot d) > 1 \tag{1.32}$$

Cette relation reste valable lorsque le champ électrique est uniforme; dans ce cas le coefficient d'ionisation α ne dépend pas de la position par rapport aux électrodes. Ainsi, la relation (1.32) se réduit en fait à une condition de potentiel appliqué à la cathode: lorsque le potentiel électrique est supérieur à une valeur seuil appelée potentiel disruptif local V_{RS} il est possible que la décharge électrique soit auto-entretenue. Par contre, pour un champ électrique divergent (par exemple, le système pointe-plan), la condition d'apparition d'une décharge électrique auto-entretenue (1.32) n'est plus donnée par la relation (1.32). D'après *Felici* [49], pour un champ non uniforme, la condition d'amorçage d'une décharge auto-entretenue est:

$$\int \alpha(x) \cdot dx > \log\frac{1}{\gamma}. \tag{1.33}$$

Ainsi, l'ionisation fait intervenir non seulement le champ à la surface des électrodes mais aussi le champ dans le volume de l'isolant. La condition d'existence d'une décharge auto-entretenue est en effet que le champ soit suffisamment grand sur une certaine profondeur [49].

Dans le cas des filtres électrostatiques nous sommes intéressés par les mécanismes qui sont à la base de l'apparition d'une décharge couronne. Cependant, la description de la décharge par effet couronne à partir de la théorie de *Townsend* uniquement n'est plus satisfaisante. Dans le cas d'une telle décharge il existe un grand nombre de porteurs de charge, ce conduit à la formation d'une charge d'espace importante qui détermine l'apparition d'autres phénomènes. Cette très brève présentation de la théorie de *Townsend* fait entrevoir la complexité phénoménologique d'une décharge électrique. Le nombre élevé de mécanismes à prendre en compte génère de grandes difficultés lors de la modélisation d'une décharge électrique.

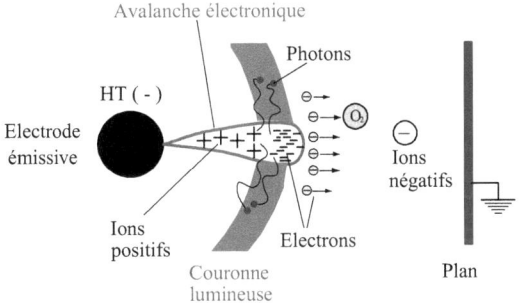

Figure 1.12 - *Représentation schématique d'une décharge couronne: avalanche électronique et formation de la couronne lumineuse.*

1.3.1.2. L'effet couronne

Restons dans le cas d'un champ électrique fortement divergent; soit un système pointe-plan comme nous avons considéré auparavant, ou bien un fil parallèle à une plaque (figure 1.12). Dans une telle situation, si l'électrode à faible rayon de courbure est portée à un potentiel négatif égal ou plus grand que V_{RS}, le champ électrique E_{RS} est atteint au voisinage de l'électrode émissive. Il y a une très forte ionisation du gaz accompagnée d'une émission de lumière dans une zone ayant la forme d'une couronne – l'effet couronne. Tant que le potentiel électrique est inférieur à une valeur maximale, la décharge couronne reste localisée à proximité de l'électrode ionisante.

L'avalanche électronique se développe dans ce cas jusqu'à une distance telle que l'intensité du champ électrique n'est plus suffisante pour assurer la multiplication électronique. En dehors de cette région, les électrons libres s'attachent rapidement aux molécules neutres pour former des ions négatifs; à partir d'une certaine distance de l'électrode ionisante tout se passe comme si l'électrode à faible rayon de courbure émettait des ions de la même polarité qu'elle [49,53]. Les phénomènes d'ionisation qui ont lieu dans la couronne lumineuse et qui génèrent les électrons libres, donnent aussi naissance à une forte densité d'ions positifs. Sous l'action du champ électrique, ces ions se déplacent vers le fil (ou vers la pointe) et en raison de leur mobilité bien plus petite que celle des électrons, une charge d'espace ionique se forme dans cette zone (figure 1.12).

En fonction de la valeur du potentiel électrique appliqué, la décharge couronne peut passer par plusieurs régimes. Au voisinage de V_{RS} la décharge couronne est caractérisée par l'existence d'impulsions régulières appelées impulsions de *Trichel* [49,53]. Pour la même tension appliquée la fréquence et l'amplitude des ces impulsions sont très fortement influencée par les caractéristiques géométriques des électrodes [53]. Les diverses particules qui viennent se déposer sur la surface de l'électrode émissive influencent ces impulsions car les aspérités ainsi créées renforcent localement le champ électrique [53]. Visuellement, ce régime correspond à l'apparition puis la disparition de points lumineux de couleur violette à la surface du fil. Lorsque la valeur du potentiel électrique appliqué augmente, les points lumineux deviennent de plus en plus nombreux. Pour une tension électrique suffisamment élevée, la fréquence d'impulsions de *Trichel* devient très grande (l'ordre de 1 MHz), puis la décharge passe à un régime continu [52]. A ce stade, la décharge couronne peut être considérée comme la superposition de deux décharges: l'une stationnaire et l'autre impulsionnelle. Leur importance respective dépend seulement de la valeur du potentiel électrique appliqué [52].

Lorsqu'on augmente encore le potentiel électrique, le phénomène de claquage électrique peut apparaître. Alors, un canal conducteur se forme entre les deux électrodes, qui, finalement, se transforme en arc électrique. La valeur de la tension de claquage est fortement influencée par certains facteurs extérieurs: la température et la pression du gaz, l'humidité, la présence de certaines particules, etc...

Considérons maintenant le cas où on applique un potentiel positif sur la pointe (ou le fil). Dans cette situation la zone de champ intense n'est plus juxtaposée à la source d'électrons et le phénomène est plus complexe. Un électron qui se trouve près de la pointe produit une avalanche, mais quand les électrons arrivent sur la pointe, ils ne produisent rien qui puisse entretenir le phénomène. La cathode située trop loin de la zone de champ intense ne joue plus le rôle de source d'électrons. Si le champ est assez fort, les électrons germes produits sous l'action du rayonnement ultra-violet émis par une avalanche créent de nouvelles avalanches [49]. Le champ électrique est ainsi renforcé par les avalanches mais la formation d'une chaîne entre électrodes est peu probable, le champ devenant trop faible au voisinage de la cathode. Pour une certaine gamme de valeurs de la tension, il existe une succession d'avalanches, mais il est quand même difficile d'obtenir un phénomène stable.

Pour le même gaz et les mêmes conditions extérieures, la valeur de la tension de claquage est nettement inférieure en polarité positive. Pour cette raison, dans la majorité des électrofiltres, les électrodes émissives sont alimentées par une tension négative afin d'assurer une bonne charge des particules, un champ électrique suffisamment intense ainsi que pour limiter autant que possible les amorçages.

1.3.1.3. Décharge couronne dans les électrofiltres

Concernant les paramètres électriques des électrofiltres, une bonne efficacité de collecte nécessite la présence simultanée de deux facteurs:

- une forte densité de charge d'espace ionique conduisant à une charge rapide des particules;
- un champ électrique suffisamment intense pour assurer la migration des particules vers les plaques de collecte, en évitant toutefois le phénomène de claquage.

Un paramètre important qui influence à la fois la densité de charge d'espace ionique et la répartition du champ électrique à l'intérieur d'un électrofiltre est la forme des électrodes. Comme nous l'avons vu dans le paragraphe 1.3.1.1, une condition essentielle pour l'existence d'une décharge couronne stable, concerne la différence de rayon de courbure des deux électrodes. Dans le cas des précipitateurs électrostatiques cette condition est toujours respectée car, le rayon de courbure des plaques collectrices peut être considéré comme infini par rapport à la distance qui les séparent. Il reste donc la forme des électrodes d'ionisation pour tenter d'optimiser la distribution du champ et de la charge d'espace ionique.

Au cours du temps, plusieurs sortes d'électrodes émettrices ont été utilisées (toutefois en essayant aussi de prendre en compte les critères économiques). Un précipitateur électrostatique industriel qui est installé, par exemple, dans une centrale électrique au charbon, comprend une longueur équivalente totale des électrodes couronne d'environ 50 km [1]. Au début, de simples fils et des barres cylindriques ou à section carrée ont été utilisés. Dans ce cas, les sites de la décharge couronne fonctionnent de façon intermittente; on les appelle électrodes émettrices à émission non contrôlée [1].

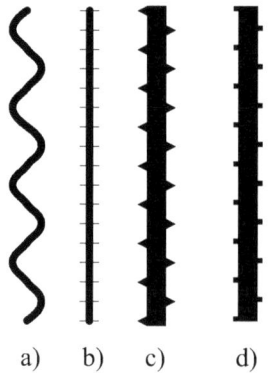

a)   b)   c)   d)

Figure 1.13 - *Formes des électrodes d'ionisation les plus souvent présentes dans les précipitateurs électrostatiques* [1].

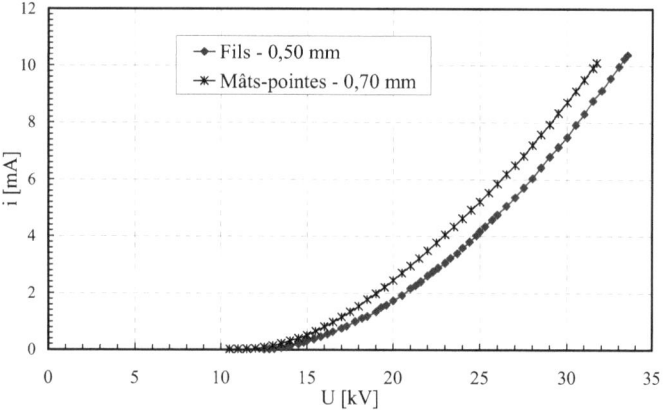

Figure 1.14 - *Caractéristiques courant-tension de la décharge couronne dans le cas de l'électrofiltre pilote ($\overline{U}_{air}$ = 2 m/s, humidité relative 38% et T = 24 °C)*.

Dans les électrofiltres plus modernes, les électrodes de décharge ont une architecture bien plus élaborée [1]. Classiquement, ces sont des pointes ayant un faible rayon de courbure associées à une structure géométrique comme des mâts, des spirales, des bandes, etc...(figure 1.13). Ce sont des électrodes dites à émission contrôlée, car la décharge couronne a lieu à des endroits spécifiques, là où le champ électrique est très renforcé. Dans ce cas, la répartition spatiale de la charge ionique connaît des zones de très forte densité d'ions qui sont situées au voisinage des pointes. Les particules qui passent à travers ces zones peuvent alors capter une charge électrique très importante; elles seront donc mieux collectées. Même si la densité moyenne de charge d'espace ionique, rapportée au volume du précipitateur, n'est pas très différente pour les deux groupes d'électrodes ionisantes, il apparaît que la création des ces zones, très riches en ions, entraîne une amélioration de l'efficacité de filtration. D'après *Knuttsen & Parker* [1], pour la même valeur du potentiel appliqué et dans les mêmes conditions expérimentales, le courant électrique total de la décharge couronne est supérieur dans le cas des électrodes à émission contrôlée. Cependant, pour les électrofiltres qui fonctionnent à une tension constante, un désavantage des électrodes à émission contrôlée peut être la consommation énergétique plus élevée qui entraîne donc un coût d'exploitation plus important.

Dans le cadre d'une étude expérimentale portant sur un électrofiltre pilote, nous avons constaté aussi les différences intervenant entre ces deux catégories d'électrodes émissives. Les détails de construction du filtre utilisé seront présentés dans le chapitre 2. La figure 1.14 présente les variations du courant en fonction de la tension électrique appliquée pour deux formes d'électrodes émettrices: des fils d'un diamètre de 0,5 mm et des mâts avec pointes ayant un diamètre de 0,7 mm. Dans chaque situation nous utilisons 20 électrodes de décharge qui sont réalisées en acier inoxydable et qui ont la même position spatiale. Dans le cas des mâts avec pointes, nous observons que la tension d'amorçage de la décharge couronne est environ de 10,5 kV, tandis que, dans le cas des fils, cette valeur se situe autour de 12 kV. On observe donc que si le filtre électrostatique fonctionne à une tension électrique constante, les pointes consomment plus d'énergie; pour une tension donnée supérieure à 18 kV (valeur pour laquelle la décharge couronne devient stable) le courant électrique des pointes est environ 25% plus grand que celui obtenu avec des fils ionisants. Par contre, si le fonctionnement a lieu à courant électrique constant, les pointes conduisent à une consommation d'énergie électrique plus faible que les fils.

La dynamique de la décharge couronne à l'intérieur des électrofiltres est fortement influencée par la présence des particules. Si dans l'air ambiant, le champ électrique près de l'électrode émettrice est influencé seulement par la charge d'espace constituée par les ions, dans le cas d'un électrofiltre, les phénomènes sont beaucoup plus complexes. Le champ électrique local est également influencé par la charge d'espace des particules chargées. Ainsi, pour de fortes densités de particules, l'intensité du champ sur l'injecteur peut atteindre des valeurs inférieures au champ seuil, ce qui entraîne l'extinction momentanée de la décharge. Ce phénomène est connu dans la littérature comme « étouffement de la décharge » (« corona quenching" en anglais) [1].

1.3.1.4. Tension seuil – approches théoriques

Dans la section précédente nous avons vu que l'apparition d'un courant électrique mesurable se produit à des valeurs différentes du potentiel électrique appliqué, selon la forme des électrodes émettrices utilisées. L'amorçage de la décharge a lieu lorsque le champ électrique atteint la valeur E_{RS}. De nombreuses études ont été effectuées afin d'établir des relations entre la dimension caractéristique des électrodes ionisantes et la valeur du champ disruptif E_{RS}, pour diverses formes d'électrodes [54,55,56]. En 1929, *Peek* [54] a déterminé une formule semi-empirique donnant E_{RS} dans le cas d'une configuration fil-plan située dans l'air ambiant:

$$E_{RS} = 31 \cdot \left(1 + \frac{0,308}{\sqrt{r}}\right) \quad \text{kV/cm}, \tag{1.34}$$

où r est le rayon du fil mesuré en centimètre. Cependant, l'état de surface du fil conducteur est important et la relation (1.34) est valable pour des surfaces parfaitement polies. D'après *White* [4], pour prendre en compte l'effet de la rugosité du fil, la valeur de E_{RS} donnée par (1.34) doit être multipliée par un facteur correctif f_r, inférieur à l'unité et dépendant de la rugosité.

Pour les électrodes de décharge sous forme de tige avec pointes, la relation du *Peek* devient:

$$E_{RS} = 27,2 \cdot \left(1 + \frac{0,54}{\sqrt{r_p}}\right) \quad \text{kV/cm}, \tag{1.35}$$

où r_p représente le rayon de la pointe en centimètres. Pour le même type d'électrodes, *Goldman* [57] propose l'expression suivante:

$$E_{RS} = 31 \cdot \left(1 + \frac{0,308}{\sqrt{0,5 \cdot r_p}}\right) \quad \text{kV/cm}. \tag{1.36}$$

En considérant que la densité de charge d'espace ionique avant l'amorçage est négligeable, la valeur de la tension seuil peut être calculée à partir de E_{RS}. Dans le cas fil-plaque, *Dupuy* [53] donne la relation suivante:

$$V_{RS} = r \cdot E_{RS} \cdot Ln\left(\frac{2 \cdot d}{r}\right), \tag{1.37}$$

où d est la distance fil-plaque. Pour une configuration pointe-plaque, *Goldman* [57] propose:

$$V_{RS} = \frac{r_t}{2} \cdot E_{RS} \cdot Ln\left(\frac{r_p + 2 \cdot d}{r_p}\right), \qquad (1.38)$$

où r_t est le rayon de la tige.

Si l'électrode émettrice est portée à une tension supérieure à la valeur V_{RS}, le courant ionique établi entre les deux électrodes engendre une perturbation de la distribution du champ électrique. En supposant que la région très étroite située au voisinage de l'électrode couronne n'agit qu'en tant que source d'ions et que l'espace inter-électrode est constamment rempli d'ions unipolaires, l'augmentation du potentiel électrique appliqué conduit à un faible renforcement du champ près du fil (ou de la pointe). La plus grande partie de l'incrément du potentiel va servir à accroître le nombre d'ions. La répartition du champ électrique entre les électrodes du filtre sera donc influencée par la présence de cette charge d'espace ionique, tandis que le courant d'ions lui-même est une fonction continue du champ. Une solution complète de ce problème consiste alors dans la résolution du système d'équations de *Maxwell*. Dans le chapitre 5 nous reviendrons sur la question du calcul de la répartition du champ électrique et de la charge d'espace ionique. Nous présenterons une démarche numérique qui nous a permis d'obtenir une solution approchée des équations du champ électrique et de la charge ionique.

1.3.2. Charge des particules

Nous présentons dans cette section la phénoménologie de la charge des particules dans un champ électrique affecté par une charge d'espace ionique. Les mécanismes de charge sont expliqués et on présente, d'une manière critique, les modèles théoriques de charge les plus souvent utilisés dans l'étude de la précipitation électrostatique.

1.3.2.1. Mécanismes de charge des particules

Les fines particules qui se trouvent en suspension dans l'air peuvent recueillir des charges électriques grâce à plusieurs mécanismes. Peuvent intervenir la charge par frottement, l'effet des rayonnements naturels ainsi que l'interaction avec les ions présents dans le gaz. Cette charge, dite « naturelle », reste très faible et l'action d'un champ électrique extérieur a peu d'influence sur le mouvement des particules.

Précédemment, nous avons vu que la force de *Coulomb* qui s'exerce sur les particules chargées constitue le facteur prédominant pour le fonctionnement des filtres électrostatiques. Une augmentation de la charge des particules est donc nécessaire afin de produire leur migration vers les plaques collectrices. Cela peut avoir lieu grâce à la forte densité d'ions créés par décharge couronne dans l'espace inter-électrodes (§ 1.3.1.3). Le processus de charge dépend alors de plusieurs facteurs parmi lesquels les plus importants sont la densité de charge ionique, l'intensité du champ électrique local, ainsi que la taille des particules. De nombreuses études [4,1,2] ont montré que le procédé de charge peut être principalement attribué à deux mécanismes:

- la charge par champ;
- la charge par diffusion.

Quel que soit le mécanisme, la charge électrique acquise par une particule est le résultat des interactions entre celle-ci et les ions produits par décharge couronne. Les deux mécanismes de charge interviennent simultanément et leur importance relative est déterminée principalement par les dimensions des particules et l'intensité du champ électrique.

a) La charge par champ

Comme le suggère son nom, ce mécanisme de charge est relié à la présence du champ électrique. Une particule présente dans un gaz provoque une distorsion locale du champ électrique; les lignes du champ aboutissent à la surface de celle-ci. Cette distorsion locale du champ dépend de la nature de la particule: lorsque la particule est conductrice la distorsion du champ est maximale. Pour une particule isolante, la perturbation du champ dépend de sa permittivité. Ainsi, l'intensité du champ électrique augmente à la surface de la particule. Dans ce cas, les ions contenus dans le gaz, qui se déplacent le long des lignes de champ électrique, peuvent se « fixer » à la surface de la particule. Chaque ion qui atteint la particule change la distribution locale du champ électrique. Tant que le champ électrique créé par la charge de la particule est inférieur au champ électrique maximum qui existe à la surface de la particule lorsqu'elle n'est pas chargée, les ions continuent d'atteindre la surface de celle-ci. Lorsque la charge acquise est suffisante, les lignes de champ contournent la particule; on dit que la particule a acquis la charge de saturation par champ q_p^s [4].

Une première théorie concernant la charge par champ a été développée en 1923 par *Rohmann* cité par [2] et ensuite complétée par *Pauthenier* [58,59] en 1932. Ces auteurs montrent que les ions arrivent sur une particule tant que la charge de celle-ci n'est pas suffisante pour les repousser; on parle alors d'une charge limite par champ q_p^s (notée aussi q_p^∞ - §.1.3.2). *Pauthenier* a montré qu'à cause du phénomène de répulsion électrostatique, seule une partie réduite de la surface des particules est atteinte par les ions. Continuant dans le même esprit, d'autres auteurs ont apporté des contributions très précieuses [60,61,62]. D'après *McDonald* [21], ce mécanisme de charge est prépondérant tant que la taille des particules est supérieure à environ 0,5 µm.

b) La charge par diffusion

Pour les fines particules (taille comparable au libre parcours moyen des ions dans l'air), il est nécessaire de prendre en compte le phénomène de diffusion des ions dans le processus de charge [1,4]. Les ions présents dans le gaz ont un mouvement désordonné d'agitation dû à leur énergie cinétique importante (agitation thermique). Si on considère une zone où le champ électrique appliqué est nul, on peut considérer que les ions ont une répartition uniforme autour des particules. Dans ces conditions, pour chaque élément de surface d'une particule, la probabilité de choc avec les ions est donc la même et la particule peut accumuler une certaine charge électrique. Ce mécanisme de charge par diffusion a une importance plus grande pour les particules très fines, d'un diamètre inférieur à 0,5 µm [2,4]. La quantité de charge acquise dépend dans ce cas de la densité des ions, de leur vitesse d'agitation thermique, de la température absolue du gaz, du temps de présence des particules dans la région où se trouvent les ions et aussi de la taille des particules.

1.3.2.2. Modélisation de la charge des particules

La modélisation du fonctionnement des précipitateurs électrostatiques nécessite le calcul de la charge accumulée par les particules le long de leur trajectoire. Ceci demande donc des modèles physiques capables de décrire le plus fidèlement possible le processus de charge en tenant compte des conditions spécifiques présentes dans les précipitateurs.

a) Calcul de la charge limite q_p^s

Dans les électrofiltres, on considère que la zone de charge est comprise entre les électrodes ionisantes et les plaques collectrices. Généralement, dans les approches théoriques, cette région est supposée être remplie par une charge d'espace ionique unipolaire, de la même polarité que les électrodes émettrices. Les modèles de charge par champ, permettant le calcul de la charge limite q_p^s des particules, sont basés en général sur les hypothèses suivantes:

- les particules sont sphériques et porteuses d'une charge initiale nulle;

- les ions et les particules se trouvent dans une zone où le champ électrique a un régime continu;

- le champ électrique créé par une particule chargée n'influence pas la répartition du champ autour des particules voisines.

Le champ électrique constitue dans ce cas le facteur déterminant pour le processus de charge. Tant que la charge acquise reste inférieure à $q_p{}^s$, les ions mis en mouvement par le champ électrique se déplacent et ceux qui se trouvent dans une zone bien délimitée vont atteindre la surface des particules. Alors, les ions restent attachés à celles-ci sous l'effet de la force générée par la charge image. Cette charge image, décrite dans la théorie électrostatique [63,64] est générée par le champ électrique associé à un ion; lorsqu'il se trouve au voisinage d'une particule, il provoque une redistribution superficielle de la charge de celle-ci. Cela conduit à l'apparition d'une force d'attraction entre la particule et l'ion. Ce schéma est valable si la taille des particules est largement supérieure au libre parcours moyen d'ions λ_i qui dépend de la température T et la pression p du gaz [27]:

$$\lambda_i = \frac{k \cdot T}{4 \cdot \pi \cdot p \cdot \sqrt{2} \cdot r_i^2}, \tag{1.39}$$

où r_i représente le rayon des ions. Dans les conditions normales de température et de pression, le libre parcours moyen des ions vaut $\lambda_i \approx 0{,}065$ μm.

La charge acquise par une particule est en relation directe avec le flux d'ions qui arrive à sa surface (qui dépend aussi du champ électrique appliqué) [65]. Lorsque la charge acquise atteint la valeur limite $q_p{}^s$, le flux d'ions devient nul. En fait, dans cette situation, le champ électrique créé par la particule chargée détermine la répulsion des ions. Le calcul de la charge limite des particules est principalement basé sur la théorie développée par *Pauthenier* [58]. L'évolution temporelle de la charge pour une particule située dans un champ électrique $\vec{E}$, est décrite par l'expression suivante donnée par *White* [4]:

$$\frac{dq_p}{dt} = \frac{\rho \cdot K_i \cdot q_p{}^\infty}{4 \cdot \varepsilon_0} \cdot \left(1 - \frac{q_p}{q_p{}^\infty}\right)^2, \qquad \text{pour } q_p < q_p{}^s. \tag{1.40}$$

Dans la relation (1.40) ρ représente la densité d'ions et K_i est la mobilité ionique. La charge limite par champ est donnée par l'expression suivante [4]:

$$q_p{}^s = 3 \cdot \pi \cdot \varepsilon_0 \cdot \frac{\varepsilon_r}{\varepsilon_r + 2} \cdot E \cdot d_p{}^2 \tag{1.41}$$

où ε_r est la permittivité relative des particules. Nous observons dans (1.41) que la charge limite par champ est une fonction de l'intensité du champ électrique local, de la permittivité relative ε_r des particules ainsi que du diamètre d_p. En général, la valeur instantanée de la charge des particules q_p est obtenue par l'intégration dans le temps de l'équation (1.40). Dans le cas particulier où les répartitions du champ électrique et de la charge d'espace ionique sont uniformes, l'intégration de (1.40) conduit à:

$$q_p(t) = q_p^s \cdot \left(\frac{t}{t + \tau_q} \right) \qquad (1.42)$$

où $\tau_q = 4 \cdot \varepsilon_0 / \rho \cdot K_i$ est le temps caractéristique de charge par champ et représente la durée au bout de laquelle la charge de la particule atteint la moitié de la charge limite. Dans le cas des filtres électrostatiques, l'intensité du champ électrique et la densité d'ions varient d'une position à l'autre; la valeur de la charge limite sera donc spécifique pour chaque position des particules.

En partant de la théorie de *Pauthenier*, *Cochet* [5] a proposé en 1961 une expression simple qui permet le calcul de la charge limite pour les fines particules de taille comparable au libre parcours moyen des ions. Cette relation (1.14) qui fait intervenir le rapport d_p / λ_i a été présentée dans le paragraphe § 1.3.2; elle représente un moyen simple pour le calcul de la charge de saturation, en offrant toutefois une bonne précision pour les particules d'un diamètre supérieur à 0,1 µm [1].

b) Modélisation de la charge par diffusion

La charge par diffusion est principalement due au mouvement d'agitation thermique des ions. Lorsque leur énergie cinétique est suffisante pour vaincre la force de répulsion coulombienne, certains ions peuvent atteindre la surface des particules. La théorie la plus simple de charge par diffusion est basée sur les hypothèses suivantes:
- les particules sont sphériques;
- la densité des ions est uniforme au voisinage des particules;
- le champ électrique n'influence pas le processus de charge par diffusion.

White [4] montre que l'évolution au cours du temps de la charge acquise par une particule sous l'effet du processus de diffusion est:

$$\frac{dq_p}{dt} = \frac{\pi \cdot d_p^2}{4} \cdot \overline{V}_{th} \cdot \rho \cdot \exp\left(-\frac{q_p \cdot e}{2 \cdot \pi \cdot \varepsilon_0 \cdot d_p \cdot k \cdot T} \right), \qquad (1.43)$$

où $k = 1{,}38 \cdot 10^{-23}$ J/K représente la constante de *Boltzmann* et la vitesse d'agitation thermique des ions est $\overline{V}_{th} = \sqrt{\dfrac{3 \cdot k \cdot T}{m_i}}$, avec m_i la masse de l'ion. En considérant une densité d'ions ρ uniforme, l'expression (1.43) peut être intégrée et conduit à:

$$q_p(t) = q^* \cdot \ln\left(1 + \frac{t}{\tau_{diff}}\right). \tag{1.44}$$

Dans la relation (1.44) $q^* = 2 \cdot \pi \cdot \varepsilon_0 \cdot d_p \cdot k \cdot T/e$ représente la constante de charge par diffusion et $\tau_{diff} = 8 \cdot \varepsilon_0 \cdot k \cdot T / d_p \cdot \overline{V}_{th} \cdot \rho \cdot e$ est le temps caractéristique de charge par diffusion. Nous observons que l'équation (1.44) ne conduit pas à une limite de charge pour $t \to \infty$. Cependant, l'expression (1.43) montre que le processus de charge par diffusion est influencé d'une façon continue par la charge q_p déjà acquise par la particule.

c) Modèles de charge mixtes

Pour les particules d'une taille comprise entre 0,5 et 1 μm pour lesquelles les deux mécanismes de charge interviennent, seuls les modèles théoriques considérant simultanément la charge par diffusion et la charge par champ peuvent conduire à des résultats satisfaisants. Cependant, la charge totale acquise par une particule n'est pas simplement la somme de la charge par champ et de la charge par diffusion; ces deux mécanismes de charge sont fortement liés entre eux [4,1,2].

En 1976 *Smith & McDonald* [48] ont élaboré un modèle en considérant que la charge des particules est très largement due au mouvement d'agitation thermique des ions, le champ électrique externe ne représentant qu'un facteur perturbateur sur le phénomène de charge par diffusion. Les auteurs considèrent qu'au voisinage d'une particule chargée, la distribution en ions est modifiée par le champ électrique. Le modèle permet de calculer la charge en fonction du diamètre des particules et des propriétés de celles-ci, du temps de présence et des conditions électriques locales. Mathématiquement, l'équation de charge est dérivée de la théorie cinétique des gaz et détermine le taux de charge en terme de probabilité de collisions entre particules et ions. Cette méthode offre une bonne précision pour déterminer localement le taux de charge d'une particule dans un champ électrique extérieur. De plus, elle couvre le spectre granulométrique complet et permet de retrouver les lois classiques de charge par champ pour les grosses particules et de charge par diffusion pour les très petites. Cependant, du fait de la complexité des relations mises en jeu, la charge des particules ne peut être déterminée que numériquement et représente un temps de calcul très long.

Dans le même esprit, en 1978 *McDonald* [21] a proposé une autre méthode de calcul de la charge des particules, plus facile à appliquer en pratique. Dans ce modèle on évalue à chaque instant la charge limite théorique et on considère la superposition de la charge par diffusion et la charge par champ. Ainsi, l'incrément de charge peut être évalué à chaque pas de temps en fonction des grandeurs électriques locales.

Cependant, il faut remarquer que cette théorie est basée sur l'hypothèse inexacte d'addition des deux mécanismes de charge et ne tient pas compte de l'influence de la charge déjà acquise par les particules sur la dynamique du processus. Malgré cela, cette méthode conduit à des résultats assez convenables pour les particules de diamètre situé dans l'intervalle 0,1 - 1 µm [11].

Des travaux plus récents sur le processus de charge ont été développés par *Fjeld* [66,67] en 1989. L'auteur considère qu'une particule peut accumuler une certaine charge sous l'effet du champ électrique ou par diffusion, suivant l'importance des deux mécanismes. Il établit des relations pour la charge par champ et par diffusion tenant compte du couplage entre les deux mécanismes en considérant deux régimes de charge:

- un régime où la charge par champ et la charge par diffusion sont présentes en même temps;
- un autre où la particule a atteint la charge limite par champ et où seule la charge par diffusion intervient.

Les relations établies par *Fjeld* conduisent à des valeurs de charge cohérentes avec les résultats expérimentaux obtenues en 1957 par *Hewitt* [68] seulement dans le cas où le champ électrique extérieur est faible.

Lawless & Altman [23] ont amélioré le modèle de *Fjeld* en modifiant les lois de charge qui, cette fois-ci, conduisent à de bons résultats même dans le cas où le champ électrique extérieur est important. A partir d'arguments physiques très pertinents, ils obtiennent des relations de calcul simples à utiliser qui permettent de prendre en compte les interactions des mécanismes de charge (par champ et par diffusion). Dans la simulation numérique présentée dans le chapitre 5, nous utilisons le modèle de *Lawless* pour évaluer la charge des particules à chaque instant en fonction des valeurs locales du champ électrique et de la charge d'espace ionique. Une présentation détaillée de ce modèle sera donc réalisée dans le chapitre 5.

1.4. Couche de particules collectées

Au cours du fonctionnement des filtres électrostatiques, une couche de particules se forme à la surface des électrodes collectrices. Dans cette section nous allons nous intéresser à la nature de cette couche ainsi qu'à l'effet de sa présence sur le fonctionnement des électrofiltres. Ainsi, nous présentons les principales forces qui s'exercent entre les particules constituant cette couche, sans oublier les phénomènes qui peuvent avoir un impact négatif sur l'efficacité de séparation.

Tableau 1.1 - *Forces de cohésion de la couche de poussières collectées* [70].

Forces	Distance d'action	Importance
Van der Waals	3 à 500 Å	Très importante; dans les électrofiltres c'est la force prédominante lorsque le courant ionique est nul.
Liaisons solides	Particules en contact	Peu importantes dans les cas des filtres électrostatiques secs. L'évaporation de l'eau conduit à des liaisons solides en provenance de composés solides dissous entres les particules.
Liaisons capillaires	Particules en contact	Peu importante dans le cas des filtres électrostatiques secs. Dépendent des tensions de surface des liquides absorbés sur les particules. Existent lorsque l'humidité relative dépasse une valeur seuil.
Electrostatiques	Particules en contact	Sont données par la charge électrique des particules. Dans les zones où le courant ionique est très faible ou nul, l'importance de ces forces est relativement limitée car les particules se déchargent à la masse. Par contre, dans les régions où le courant ionique est important (en face des pointes) celles-ci représentent les forces principales.

1.4.1. Cohésion des particules collectées

Parmi les facteurs qui influencent le rendement de fonctionnement des précipitateurs électrostatiques figure la nature de la couche de particules collectées. Une fois qu'elles sont arrivées à la surface des électrodes de collecte, il est nécessaire que les particules soient suffisamment adhérentes entre elles et avec les parois pour ne pas être ré-entraînées par le flux gazeux ou éjectées par les poussières nouvellement collectées.

De nombreuses études [1,69,70] ont mis en évidence l'existence de plusieurs forces agissant au sein d'une couche de particules collectées. Ces forces ne sont en général pas d'origine électrique. Elles agissent au niveau microscopique entre les molécules des surfaces en contact, en étant de même nature que les tensions superficielles. Le tableau 1.1 présente l'ensemble des forces qui peuvent s'exercer au sein d'une couche de poussières sur une surface solide.

Dans le cas des couches formées au sein des précipitateurs électrostatiques, il existe aussi des forces de nature électrique [71]. Des travaux récents ont montré que la constitution de la couche des particules est fortement liée aux conditions électriques existant dans les électrofiltres [68,69]. *Blanchard et al.* [72,73] montrent que les forces électriques résultant de la circulation du courant ont une importance majeure. Ainsi, il existe une liaison très étroite entre la distribution du courant ionique sur les plaques collectrices et la formation de la couche de particules. Quelques observations visuelles effectuées au cours des nos expériences (présentées dans le chapitre 3) ont confirmé les observations de *Miller* [72,75] et *Blanchard* [76,69].

Des modèles théoriques concernant le processus de formation de la couche ont été développés par divers auteurs [77,78,79]. En général, ces théories supposent que les particules sont en totalité sphériques et que l'adhésion se produit sur une paroi parfaitement lise. Même avec ces hypothèses simplificatrices, à cause de leur difficulté, l'utilisation de ces modèles de dépôt est pratiquement impossible dans le cas des filtres électrostatiques.

1.4.2. Forces électriques. Influence de la résistivité des particules

La cohésion des couches qui se forment dans les filtres électrostatiques dépend aussi de propriétés intrinsèques des particules. En regardant les forces présentées dans le tableau 1.1, on comprend que, lorsqu'une particule chargée arrive en contact avec la plaque collectrice, il est nécessaire que la charge qu'elle porte ne soit pas évacuée instantanément: la particule pourrait repartir dans le flux gazeux en portant une charge de signe opposé. Donc, les particules doivent avoir une résistivité électrique assez élevée pour qu'elles restent collectées. Ceci signifie donc qu'il existe une certaine valeur limite de la résistivité électrique au-dessous de laquelle la cohésion de la couche est très faible.

D'autre part, les électrodes de collecte sont soumises en permanence au courant ionique issu de la décharge couronne ainsi qu'à l'apport de charge en provenance des particules nouvellement collectées. La couche doit donc posséder une conductivité électrique suffisamment importante pour permettre d'évacuer cette charge électrique. Il existe donc une valeur limite supérieure de la résistivité à partir de laquelle le fonctionnement des précipitateurs peut être fortement perturbé. D'après *White* [4], l'intervalle de valeurs de la résistivité électrique des particules qui permettent le fonctionnement des électrofiltres est compris entre 10^6 et 10^{12} $\Omega\cdot$cm.

1.4.2.1. Diminution du champ électrique de collecte

Lorsque les particules sont fortement résistives, il peut se produire une diminution du champ électrique de collecte. En effet, la conductivité de la couche de particules peut alors être très faible et le passage du courant dû à la décharge couronne ainsi qu'au flux de particules collectées nécessite un champ important dans la couche:

$$\vec{j} = \sigma_{couche} \cdot \vec{E}_{couche}. \tag{1.45}$$

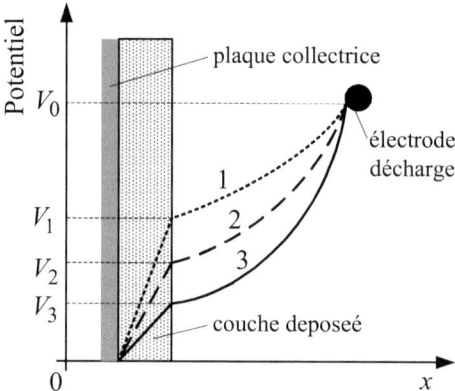

Figure 1.15 - *Représentation schématique de la variation du potentiel électrique entre les électrodes (1 – particules à résistivité, 2 – particules de résistivité moyenne et 3 – particules de faible résistivité).*

Ce phénomène détermine l'apparition et l'augmentation d'une densité superficielle de charge à la surface de la couche ce qui conduit donc à l'augmentation du potentiel électrique de surface. Finalement, une diminution de l'intensité du champ électrique de collecte en résulte. La figure 1.15 représente schématiquement la variation du potentiel électrique entre les électrodes. Pour des résistivités élevées, supérieures à 10^{11} Ω·cm, il se produit alors une chute de tension de plusieurs kilovolts dès que l'épaisseur de la couche atteint quelques millimètres [11].

La diminution de l'intensité du champ électrique dans la zone inter-électrodes a deux conséquences principales qui se combinent pour provoquer une perte en efficacité de collection:

- premièrement, la migration des particules se ralentit car, pour une charge q_p donnée, la force électrique agissant sur une particule est proportionnelle au champ électrique.

- la deuxième conséquence provient du fait que, si l'intensité du champ électrique diminue, la charge d'espace ionique diminue également et les particules acquièrent une charge q_p plus faible. Le processus de charge des particules est alors influencé.

1.4.2.2. Contre-émission

Un autre phénomène qui se produit lorsque la résistivité des particules a des valeurs très élevées est la contre-émission [80,4]. Ce phénomène consiste en fait dans l'apparition d'une émission d'ions positifs qui se dirigent de la surface des électrodes de collecte vers les électrodes couronne. Ces ions positifs proviennent des phénomènes de claquage partiel qui ont lieu dans la phase gazeuse de la couche lorsque le champ moyen à l'intérieur de celle-ci atteint une valeur critique. Généralement, ce phénomène se manifeste par une augmentation de l'intensité du courant entre les électrodes, même pour des faibles valeurs du potentiel appliqué, ainsi que par la présence d'un taux de claquage excessif.

L'intensification de ces décharges conduit à la formation de petits cratères dans le dépôt. Par ailleurs, l'ionisation du gaz conduit à une diminution de la valeur du potentiel disruptif entre les électrodes d'où l'apparition d'arcs électriques qui provoquent des grands « cratères » dans la couche et le ré-entraînement des particules. On observe une baisse marquée des performances des précipitateurs électrostatiques; les claquages électriques entre les électrodes, ainsi que la présence d'ions positifs ont des influences néfastes sur le processus de charge des particules et donc sur leur migration vers les plaques et leur collection.

Il existe dans la littérature de nombreuses études qui visent à caractériser expérimentalement et théoriquement la contre–émission. Ainsi, *Vereshchagin et al.* [81] montrent que la contre–émission augmente si l'épaisseur et/ou la porosité de la couche collectée augmente. Dans le même esprit, *Snaddon et al.* [82] ont observé que l'intensité du courant électrique à travers l'espace inter-électrodes augmente avec la résistivité des particules collectées, comportement expliqué par l'apparition et l'intensification du phénomène de contre–émission. Cependant, les résultats obtenus en laboratoire caractérisent des situations bien particulières, permettant seulement des remarques qualitatives sur ce phénomène. Malgré tous ces efforts, la connaissance de ce phénomène reste assez limitée et les modèles théoriques concernant la formation des couches de poussières ne prennent pas en compte l'existence de la contre-émission dans l'évaluation des performances des filtres électrostatiques.

1.4.3. Discussion

Dans cette section nous avons présenté quelques observations sur la formation des couches de particules dans les électrofiltres. Il faut retenir que les forces électriques accompagnant la circulation du courant dans la couche sont les plus importantes. Les théories d'adhésion dans une couche de particules considèrent que la surface d'électrode est parfaitement lisse. En réalité, après l'initiation du dépôt, les interactions mettent en jeu les particules incidentes et les particules préalablement déposées. Les relations considérant une paroi parfaitement lisse ne sont donc plus valables rigoureusement.

Dans certaines situations, comme nous l'avons vu pour les particules très résistives, la couche déposée peut déterminer une baisse de rendement de collection; c'est le cas du phénomène de contre- émission. Tous ces facteurs doivent être pris en compte dans les modèles de dimensionnement des filtres électrostatiques. Cependant, à cause de leur complexité, ces phénomènes interviennent dans les modèles de fonctionnement seulement par l'intermédiaire de certains coefficients empiriques.

Chapitre 2
Installation expérimentale et technique de mesure

L'objectif visé dans ce chapitre est de présenter les différents moyens expérimentaux ainsi que les techniques de mesure utilisés pour étudier les principaux phénomènes reliés á la collection des fines particules dans les précipitateurs électrostatiques.

2.1. Installation expérimentale

Dans le cadre de ce travail nous avons réalisé une étude sur la captation et l'estimation de la vitesse de migration des fines particules à partir des mesures d'efficacité fractionnaire de collection d'un filtre électrostatique pilote. Cette étude a été effectuée sur un précipitateur dont les caractéristiques avaient été définies auparavant. L'installation expérimentale est dotée de différents dispositifs et appareils permettant de modifier certains paramètres de fonctionnement du filtre, ainsi que de mesurer les principales grandeurs caractéristiques (figure 2.1.). Cette installation est constituée de trois parties principales:
- le précipitateur électrostatique pilote;
- la réalisation du mélange air-particules;
- la mesure et le contrôle de la concentration des particules.

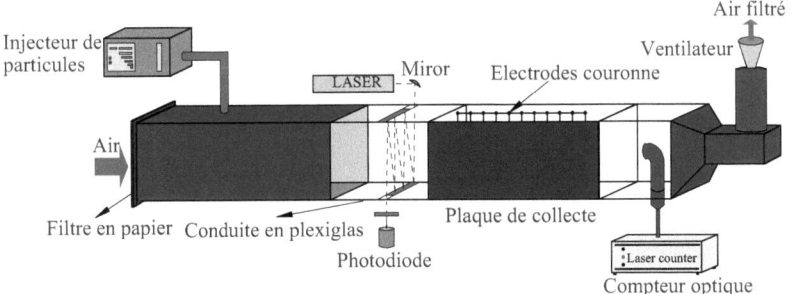

Figure 2.1 - *Schéma de principe de l'installation expérimentale.*

Tableau 2.1 - *Dimensions principales de l'électrofiltre.*

Longueur totale L	100 cm
Hauteur h	29 cm
Distance entre les plaques $2d$	9 cm

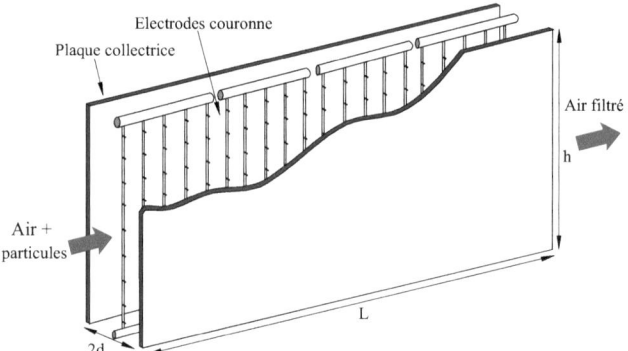

Figure 2.2 - *Vue schématique du filtre électrostatique pilote.*

2.1.1. Le précipitateur électrostatique

Pour l'étude expérimentale de la captation des fines particules, nous avons utilisé un filtre électrostatique qui conserve les principales caractéristiques des installations industrielles. Il s'agit d'un électrofiltre de type plaque-plaque, qui a été construit d'une manière permettant un nettoyage facile des électrodes collectrices et le changement rapide des électrodes ionisantes (des tiges avec ou sans pointes, des fils ou même des plaques). Les principales dimensions de l'électrofiltre sont données dans le tableau 2.1. Dans les parties supérieure et inférieure, les deux plaques collectrices sont fixées par l'intermédiaire de deux supports en nylon, qui assurent une bonne isolation électrique et qui servent également de guide pour les électrodes ionisantes. L'ensemble est monté dans une enveloppe métallique qui a un double rôle de protection et de blindage électromagnétique. Un schéma de principe du précipitateur électrostatique réalisé est présenté dans la figure 2.2.

La figure 2.3. présente deux photos de l'électrofiltre utilisé; dans l'image (a) les électrodes émissives sont des tiges avec pointes tandis que, dans la photographie (b), les électrodes émissives sont des fils de 0,35 mm de diamètre. Dans la plaque isolante supérieure, une fenêtre en plexiglas a été insérée pour faciliter l'observation des trajectoires des particules (voir le chapitre 4).

a) *b)*

Figure 2.3 - *Photographies du précipitateur électrostatique réalisé: a) électrodes ionisantes sous forme de tiges avec pointes et b) électrodes ionisantes sous forme de fils.*

a) Les électrodes émissives

L'étude que nous avons réalisée sur la captation des fines particules dans l'électrofiltre pilote a été effectuée, dans la plus grande partie, en utilisant comme électrodes ionisantes des tiges avec pointes. Le dimensionnement des électrodes émissives et notamment la distance d entre les mâts ainsi que la distance s entre les pointes ($s \approx d/2$) ont été choisis à partir des résultats de l'étude sur l'efficacité de collection menée par *Miller* et *al.* [83]. Ces auteurs ont montré, par des investigations systématiques, que l'utilisation de tels rapports entre les différentes distances d et s conduisent aux meilleures efficacités de collection pour ce type de géométrie. Les électrodes ont été réalisées en acier inoxydable alors que les plaques de collecte sont en aluminium. Les principales dimensions de ces électrodes ionisantes sont données dans le tableau 2.2. Les électrodes ionisantes ainsi construites sont serties dans deux barres cylindriques horizontales (figure 2.4). Nous avons opté pour quatre groupes de cinq électrodes, ce qui permet une alimentation électrique indépendante pour les quatre zones du filtre.

Tableau 2.2 - *Principales caractéristiques des électrodes ionisantes.*

Tiges	Diamètre d_{tiges} = 3,5 mm
Pointes	Diamètre $d_{pointes}$ = 0,7 mm
	Longueur $l_{pointes}$ = 2 mm
	Nombre de pointes par tiges = 6
Distance entre tiges	d = 4,5 cm
Distance entre pointes	s = 3,8 cm
Nombre total d'électrodes	20

Figure 2.4 - *Photographie des électrodes ionisantes de type tiges–pointes.*

b) Alimentation électrique

Comme nous l'avons expliqué précédemment, les électrodes ionisantes peuvent être alimentées séparément selon quatre groupes ayant chacun une longueur équivalente de 25 cm. On utilise une haute tension de polarité négative fournie par deux alimentations de type *Spellman* qui permettent d'appliquer une valeur comprise entre 0 et 40 kV.

Les plaques collectrices sont directement reliées à la terre. L'affichage numérique des alimentations *Spellman* donne l'intensité du courant électrique ainsi que la valeur de la tension appliquée. Pour plus de précision, l'intensité du courant est aussi mesurée à l'aide d'un milliampèremètre intercalé entre les plaques et la terre.

2.1.2. Le mélange air–particules

L'étude expérimentale du fonctionnement du filtre pilote présenté dans le paragraphe antérieur implique la réalisation d'une suspension air–particules et le passage de celle-ci à l'intérieur du précipitateur. Nous utilisons une fine poudre de calcite (voir la section 2.2) et de l'air ambiant filtré. Le principe d'obtention de l'air chargé en particules est très simple: dans une conduite ayant la même section transversale (rectangulaire) que celle de l'électrofiltre, l'air ambiant est aspiré à l'aide d'une turbine montée à la sortie (figure 2.1.). Pour avoir une concentration uniforme, l'injection de particules est réalisée à une distance de trois mètres en amont de l'entrée du précipitateur; une trémie vibrante amène la poudre dans un venturi alimenté par de l'air comprimé, qui casse les agrégats. A la sortie du venturi, la poudre est acheminée vers l'entrée du dispositif comme représenté sur la figure 2.1. L'intensité de vibration ainsi que la dimension de la sortie de la trémie sont réglables: on contrôle ainsi le débit de poudre injectée. La pression d'air comprimé est, elle aussi, ajustable à l'aide d'un détendeur (nous utilisons en général une pression de 4 bars en entrée du venturi).

Comme il est indiqué dans la figure 2.1, l'air aspiré dans l'installation est d'abord filtré en utilisant un filtre en papier d'une efficacité supérieure à 99,9 %. Le débit de l'air est réglé par l'intermédiaire d'une vanne située entre la turbine et la sortie de l'électrofiltre. La mesure de la vitesse de l'air qui circule dans l'installation se fait à l'aide d'un anémomètre à fil chaud introduit dans la conduite de notre dispositif. La vitesse moyenne du gaz peut être réglée entre 0 et 2,5 m/s. Nous mesurons aussi l'humidité de l'air à l'aide d'un capteur capacitif introduit à l'intérieur de la conduite.

L'électrofiltre est prolongé par une conduite en plexiglas (de 60 cm de longueur) de même section que celle du précipitateur (figure 2.1). Cette zone permet de ne pas modifier l'écoulement gazeux dans la dernière partie du précipitateur et de réaliser en sortie de celui-ci des mesures de la concentration moyenne en particules. Ensuite cette conduite est raccordée, par l'intermédiaire d'une gaine souple, à un tube en plastique sur lequel est placée la turbine générant le flux gazeux.

2.1.3. Mesure et contrôle de la concentration des particules

La partie la plus difficile et la plus longue à mettre au point dans notre installation a concerné la mesure de la concentration des particules. Déterminer l'efficacité de filtration implique de mesurer la concentration moyenne des particules à l'entrée ainsi qu'à la sortie du précipitateur. La détermination de la vitesse de migration des fines particules (voir chapitre 3) nécessite des mesures non seulement du rendement global du filtre, mais aussi de l'efficacité fractionnaire. Il faut donc déterminer la concentration moyenne pour chaque classe de diamètre des particules (voir § 1.3.1).

L'installation expérimentale que nous avons utilisée comporte deux dispositifs de mesure de la concentration des particules:
- mesure de la concentration par classe de taille en utilisant un compteur optique;
- mesure de la concentration globale à l'aide d'un opacimètre laser.

a) Mesure de la concentration par classes de taille

Le principe de mesure de l'efficacité consiste à effectuer des prélèvements gazeux à l'entrée et à la sortie du filtre électrostatique et à mesurer la concentration en particules. Pour ceci nous disposons d'un compteur laser, (*LAP 320* de marque *TOPAS*). Les prélèvements gazeux sont effectués par l'appareil lui-même à partir de cannes iso-cinétiques placées à l'intérieur de la conduite. Ainsi, le compteur laser est doté de deux circuits: un circuit principal à l'intérieur duquel le mélange air-particules est aspiré avec un débit constant en temps (des capteurs de pression pilotent la pompe d'aspiration) et un circuit de mesure dans lequel seulement une petite partie de la suspension aspirée est prélevée. Les particules sont alors dirigées par l'intermédiaire d'un tube très fin vers la cellule optique de l'appareil. Chaque particule qui passe va diffuser une certaine quantité de la lumière fournie par un laser He-Ne; l'intensité de la lumière diffusée, qui dépend de la taille des particules, est mesurée par un ensemble de photodiodes. Le compteur permet donc d'obtenir la concentration en particules contenues dans le gaz circulant dans notre installation ainsi que la distribution en taille de celles-ci. La plage de taille des particules analysables par cet appareil est comprise entre 0,312 µm et 20 µm sur 92 canaux. La concentration maximale est de 10^5 particules par cm^3.

b) Mesure de la concentration globale

Pour la mesure de la concentration globale des particules, nous avons mis au point un opacimètre laser qui peut être placé avant ou après le filtre électrostatique. On sait que l'absorption d'un faisceau de lumière par une suspension de particules de diamètre d_p dépend exponentiellement de la densité en nombre N de ces particules, comme l'exprime la loi de *Bouguer* [84]:

$$I_l(L_f) = I_l(0)\exp(-\beta L) \tag{2.1}$$

$$\beta = \frac{\pi \cdot d_p^2}{4} N(d_p) \cdot H(\frac{\pi \cdot d_p}{\lambda}, m^*) \tag{2.2}$$

où I_l est l'intensité lumineuse, L_f est la longueur du trajet du rayon lumineux dans la suspension et H le coefficient d'extinction; H est une fonction du diamètre des particules d_p, de leur indice de réfraction m^* ainsi que de λ, la longueur d'onde de la lumière.

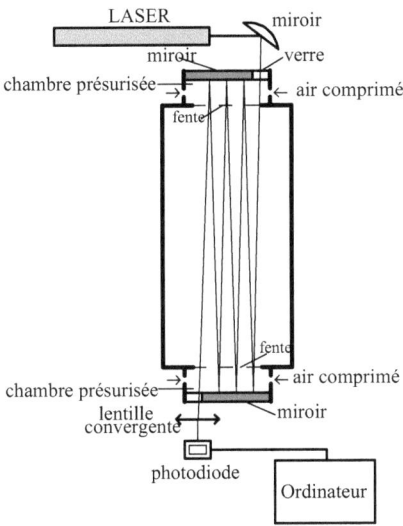

Figure 2.5 - *Schéma du dispositif de mesure de la concentration par opacimétrie laser.*

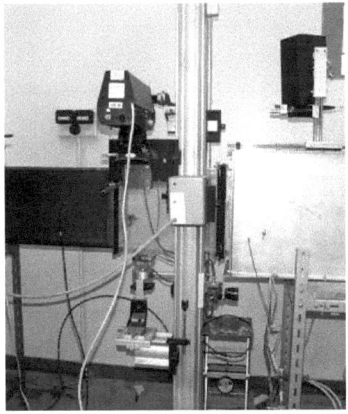

Figure 2.6 - *Photographie de l'opacimètre laser monté à l'entrée du filtre électrostatique.*

Pour avoir une bonne sensibilité de la mesure de la concentration en particules dans nos suspensions peu denses et pour faire une moyenne sur toute la section du flux gazeux, nous avons allongé le trajet optique du faisceau laser dans la suspension par des réflexions multiples sur deux miroirs en vis-à-vis (figure 2.5.). L'intensité lumineuse du faisceau laser émergent est mesurée par l'intermédiaire d'une photodiode. La grandeur mesurée est une tension $U \propto I(N,L_f)$ dont les valeurs sont échantillonnées et enregistrées à des pas de temps réguliers à l'aide d'une carte d'acquisition pilotée par un micro-ordinateur. L'avantage principal de ce dispositif réside dans le fait que les mesures de concentration sont réalisées directement à l'intérieur de la conduite qui canalise l'air chargé en particules, en l'absence de prélèvement d'une partie du flux gazeux (figure 2.6.).

Une calibration de l'opacimètre a été réalisée et a permis de vérifier la loi de *Bouguer*. En sachant que l'intensité du courant fourni par la photodiode est directement proportionnelle au flux de photons, donc à l'intensité lumineuse du faisceau laser qui arrive à la surface de celle-ci, nous mesurons la tension électrique aux bornes d'une résistance électrique étalon. U_0 est la tension obtenue lorsque aucune particule n'est injectée dans le dispositif; le rapport $U/U_0 = I_l/I_{l0}$ dépend de la concentration en particules: $U/U_0 = f(c)$. En faisant varier le débit massique de poudre injectée nous avons obtenu les résultats présentés dans la figure 2.7. Celle-ci montre une variation exponentielle de I_l/I_{l0} comme le prédit la loi de *Bouguer*:

$$\frac{U(c)}{U_0} = \frac{I_l(c)}{I_{l0}} = \exp\left(-\frac{c}{c_{ref}}\right). \tag{2.3}$$

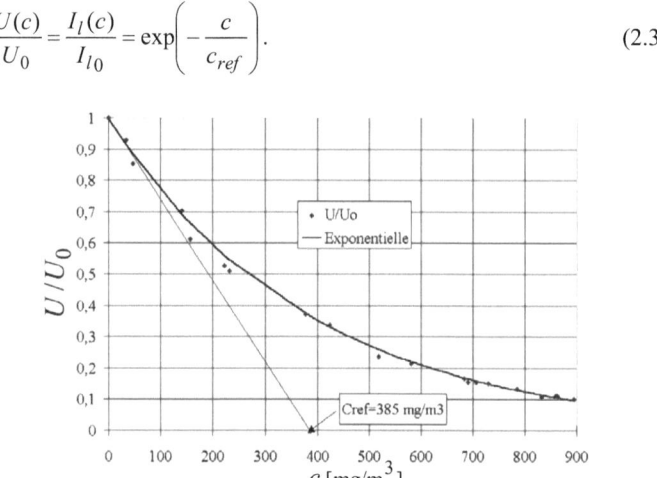

Figure 2.7 - *Variation du rapport U/U_0 en fonction de la concentration des particules.*

Il semblerait que l'on puisse faire de cette manière des mesures de l'efficacité globale de précipitation; en effet, en partant des relations (1.1) et (2.3) on obtient (voir aussi [85]):

$$c_{ent} = c_{ref}(\ln U_0 - \ln U_{ent}) \quad \text{et} \quad c_{sort} = c_{ref}(\ln U_0 - \ln U_{sort}), \quad (2.4)$$

qui donne l'efficacité:

$$\eta = 1 - \frac{\ln(U_0/U_{sort})}{\ln(U_0/U_{ent})}. \quad (2.5)$$

Une telle mesure, cependant, ne serait pas correcte parce que l'absorption de lumière dépend de la taille des particules et la valeur de U résulte de l'intégration sur toutes les tailles de particules. Comme le taux de collecte des particules dépend de leur taille, la distribution granulométrique de la poudre évolue avec le degré de collection (voir chapitre 3). Donc l'absorption de lumière qui dépend de la distribution en nombre des particules ne peut nous fournir qu'une information qualitative.

Dans l'étude expérimentale réalisée, l'opacimètre laser a été utilisé systématiquement pour le contrôle de la concentration des particules entrant dans le précipitateur. Ainsi, pour avoir à chaque instant la même concentration de particules injectées, l'intensité de vibration de la trémie chargée en poudre a été réglée en fonction du courant fourni par la photodiode (voir le chapitre 3).

Nous examinerons en détail dans le paragraphe § 2.3 ainsi que dans le chapitre 3 la méthode employée pour les mesures d'efficacité fractionnaire de collection en utilisant le compteur laser.

2.2. La poudre utilisée

Pour préparer la suspension air–particules, nous avons utilisé une poudre qui respecte les critères suivantes:

- être peu coûteuse et facilement disponible dans le commerce;
- n'être pas toxique ou irritante pour le personnel et le milieu environnant;
- avoir une distribution granulométrique dans la zone submicronique;
- avoir une résistivité électrique qui se situe dans la gamme de fonctionnement des précipitateurs électrostatiques ($10^8 - 10^{12}$ Ω·cm).

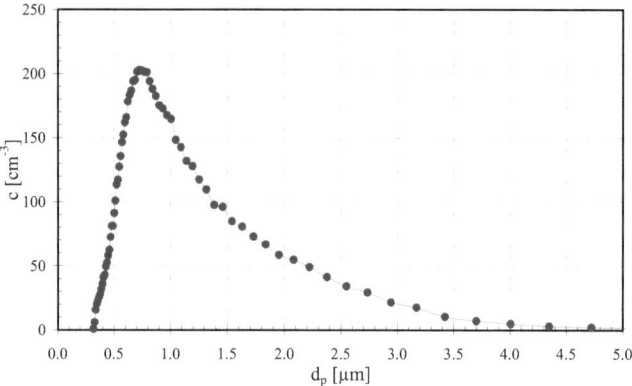

Figure 2.8 - *Distribution granulométrique de la poudre de calcite utilisée dans étude expérimentale.*

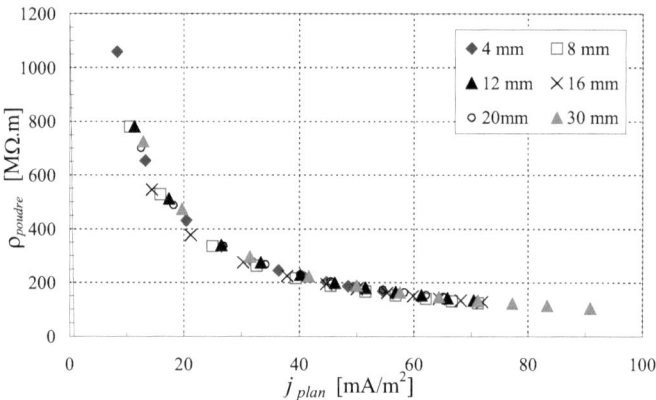

Figure 2.9 - *Résistivité de la poudre de calcite pour différentes épaisseurs d de la couche (d'après Blanchard [69]).*

La poudre de calcite ($CaCO_3$) utilisée dans l'industrie papetière pour blanchir le papier convient parfaitement à notre étude; sa distribution (en nombre) est centrée sur 0,6 µm et d'autre part, sa résistivité électrique est de l'ordre de 10^{11} Ω·cm [69]. La figure 2.8 présente la courbe granulométrique de la poudre de calcite utilisée; cette courbe a été réalisée à l'aide du compteur optique monté dans notre dispositif expérimental.

Concernant la résistivité électrique de la poudre, nous présentons quelques résultats d'ordre qualitatif obtenus par *Blanchard* [69]. L'auteur mesure la résistivité équivalente d'une couche de poudre déposée à la surface d'une électrode plane. L'échantillon de poudre ainsi réalisé est placé sous une pointe portée à une haute tension négative. Entre la pointe et la surface de la poudre est intercalée une grille métallique dont le potentiel électrique est contrôlé par une autre alimentation haute tension. Une fraction des ions générés par la décharge couronne traverse la grille et atteint la surface de la poudre.

Le courant ionique traverse la couche et est recueilli sur l'électrode plane; un microampèremètre placé entre cette électrode et la terre permet la mesure du courant. La valeur du potentiel électrique à la surface de la couche est estimée à partir du potentiel appliqué sur la grille et de la chute de potentiel dans la couche d'air (~ 1 mm en épaisseur) présente entre la grille et la poudre. Ces valeurs du courant et de la différence de potentiel permettent d'obtenir la résistivité électrique équivalente de la couche [69].

2.3. Technique de mesure

Dans l'étude expérimentale de la collecte des fines particules, nous nous sommes intéressés principalement à la mesure de l'efficacité fractionnaire de collection du filtre électrostatique pilote. Pour obtenir cette efficacité fractionnaire il est nécessaire de mesurer la concentration de particules à l'entrée et à la sortie du filtre en gardant les mêmes conditions expérimentales. Une condition essentielle pour la validité des résultats obtenus, concerne la concentration des particules en entrée du filtre qui doit être maintenue constante tout au long des expériences, indépendamment de la vitesse de l'air aspiré. Comme nous l'avons expliqué précédemment, la concentration des particules par classe de taille est obtenue en utilisant le compteur optique. Comme nous ne disposons que d'un seul compteur, il n'est pas possible de faire des mesures de concentration au même instant en entrée et en sortie du filtre. Nous devons donc réaliser des séries de mesures décalées en temps sur les particules qui rentrent et celles qui sortent du filtre, d'où l'importance primordiale d'avoir toujours la même composition du mélange gaz–particules.

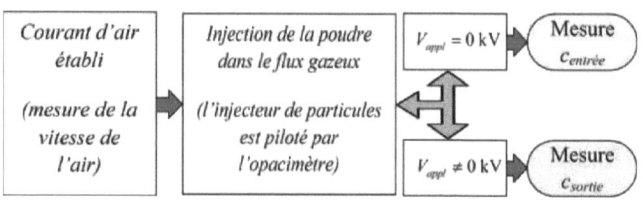

Figure. 2.10 - *Diagramme d'une expérience de mesure du rendement de filtration.*

La technique adoptée pour les mesures est la suivante: la canne isocinétique de prélèvement du compteur optique est placée à la sortie du filtre. Quand le potentiel appliqué aux électrodes ionisantes est nul, on admet qu'il n'y a pas de collection de particules et que l'appareil compte les particules qui entrent dans le filtre. Quand le précipitateur est alimenté par une tension électrique l'appareil détermine la distribution granulométrique des particules non collectées. Si dans les deux situations la composition de la suspension air–particules est identique (la quantité de poudre injectée par seconde est la même), on accède à l'efficacité fractionnaire de collection (voir le paragraphe § 2.3.1). La figure 2.10. présente schématiquement les étapes au cours d'une expérience. Nous reviendrons sur ce sujet dans le chapitre 3.

Chapitre 3
Estimation de la vitesse de migration des fines particules

Dans ce chapitre nous présentons une étude concernant l'estimation de la vitesse de migration des particules submicroniques. Cette estimation est basée sur les mesures d'efficacité fractionnaire réalisées à l'aide du filtre électrostatique pilote qui a été présenté dans le chapitre 2.

3.1. Considérations générales

Il est connu que le fonctionnement des filtres électrostatiques est caractérisé par une faible efficacité de filtration pour les particules ayant un diamètre compris entre 0,1 et 1 µm (d'après *Plaks* cité dans [82]) à cause de la faible mobilité des particules qui se trouvent dans cet intervalle (voir chapitre 1, §1.1.5). Etant donnée cette faible mobilité, existe-t-il des conditions de fonctionnement des précipitateurs électrostatiques qui peuvent améliorer leur efficacité de filtration ? Un premier pas qu'on va tenter de faire pour répondre à cette question est de déterminer la vitesse de migration pour les particules submicroniques.

Avant de discuter les méthodes générales utilisées pour déterminer la vitesse de migration des particules, nous rappelons que, dans un sens très large, w_E constitue la vitesse des particules qui se déplacent sous l'influence du champ électrique. Plus particulièrement, si on considère le modèle laminaire (chapitre1, section 1.2) dans lequel le champ électrique est supposé uniforme, la vitesse de migration représente la composante de vitesse des particules qui est normale aux plaques collectrices. Dans cette situation, w_E est proportionnelle au champ électrique et à la mobilité des particules. Dans le cas du modèle de Deutsch, on a défini une vitesse de migration locale, dans les couches très minces situées près des parois, qui est aussi perpendiculaire aux plaques de collecte. D'une manière générale, si le champ électrique n'a pas une distribution uniforme, la vitesse de migration est la vitesse des particules par rapport au gaz porteur. Pour les petites particules que nous considérons ici, les temps d'accélération sont très courts ($\tau_p < 10$ µs) et la phase d'accélération peut être complètement négligée. La vitesse de migration s'exprime alors par la relation suivante :

$$\vec{w}_E = K_p \cdot \vec{E} \qquad (3.1)$$

où K_p représente la mobilité des particules. On remarque donc que la vitesse de migration est connue lorsqu'on connaît la charge des particules q_p (intervenant directement dans l'expression de la mobilité).

Il est très difficile de déterminer expérimentalement la vitesse de migration des particules dans un précipitateur électrostatique. Il existe deux démarches possibles pour obtenir cette vitesse:
- mesures directes par anémométrie laser;
- à partir des mesures de l'efficacité de collection.

Plusieurs auteurs ont utilisé l'anémométrie laser pour étudier le mouvement des particules au sein des filtres électrostatiques [86]. Cependant, les résultats ont toujours un caractère plus qualitatif que quantitatif car cette méthode est mal adaptée dans le cas des précipitateurs électrostatiques; l'anémométrie laser permet la mesure de la vitesse globale des particules par rapport à un système de référence fixe. Cette vitesse globale se compose à la fois de la vitesse du gaz ainsi que de la vitesse imprimée par le champ électrique. Il faut donc se placer dans des conditions bien particulières pour connaître la vitesse de l'écoulement gazeux et remonter ensuite à la vitesse de migration.

Concernant l'estimation de w_E à partir des mesures d'efficacité de collection, plusieurs remarques doivent être faites. Premièrement, il existe dans la littérature la notion de *vitesse effective de migration*, souvent notée w_{eff}. Cette vitesse est calculée à partir de l'efficacité totale, en masse, de précipitation, sans tenir compte de la distribution en taille des particules. w_{eff} est un paramètre moyen, qui caractérise globalement le processus de séparation électrostatique. Par exemple, si on considère le modèle de *Deutsch* (voir § 1.3.4) en introduisant w_{eff} dans l'expression (1.19) on obtient:

$$\eta_t = 1 - \exp\left(-w_{eff} \cdot \frac{S}{D_g}\right) \quad (3.2)$$

En supposant que l'efficacité globale de collection est connue, la vitesse de migration effective est obtenue en utilisant la relation suivante:

$$w_{eff} = -\frac{D_g}{S} \cdot \log(1 - \eta_t) \quad (3.3)$$

La vitesse effective w_{eff} ne peut pas donner d'information sur la vitesse de migration des particules d'une taille donnée; il faudra alors baser cette estimation sur la mesure d'efficacité fractionnaire.

Deuxièmement, supposons qu'on a un mélange air-particules monodispersées (particules ayant toutes la même taille); dans ce cas l'efficacité de collection caractérise les particules d'une taille bien définie. La valeur de la vitesse de migration peut être alors dérivée en introduisant dans (3.3) le rendement $\eta_f(d_p)$. En faisant l'hypothèse que le modèle considéré plus haut caractérise complètement le fonctionnement du filtre, on peut se poser la question suivante: est-ce que cette valeur de w_E est représentative de toutes les particules? La réponse provient du fait que la vitesse de migration des particules est proportionnelle à la fois à l'intensité du champ électrique de précipitation et à la charge portée par celles-ci. Le processus de charge, très complexe dans un électrofiltre (voir § 1.5), peut conduire à des valeurs de charge différentes pour des particules identiques. Il résulte donc que la valeur de la vitesse ainsi calculée est une moyenne correspondant à la charge électrique moyenne des particules. Si la majorité des particules atteint la charge limite (une distribution de charge très étroite), dans ce cas, la vitesse de migration peut être considérée comme représentative pour toutes les particules.

Dans la littérature il existe peu d'études sur la vitesse propre des fines particules. *Dalmon & Lowe* cités par [10] en 1961 ont observé que l'augmentation de la vitesse du gaz conduit à une augmentation de la vitesse de migration effective (moyenne globale). En 1982 *Wiggers* cité par [10] a déterminé la vitesse de migration effective pour différentes vitesses du gaz et différentes distances plaque-plaque. Ses résultats ont confirmé ceux de *Dalmon & Lowe*. De plus, une augmentation de la vitesse effective de migration est observée lorsqu'on augmente l'écartement entre les plaques collectrices. Dans une étude théorique réalisée en 1992, *Riehle et al.* [10] ont mis en évidence la forte influence de la distribution en taille des particules sur l'efficacité totale de séparation. Dans leurs calculs, ces auteurs utilisent le modèle de *Deutsch* et considèrent une distribution gaussienne logarithmique pour la taille des particules. Ils montrent en particulier que le comportement surprenant et « anormal » observé par *Dalmon* et *Wiggers* provient de l'influence de la distribution en taille des particules [10]. Dans nos recherches bibliographiques, nous n'avons trouvé aucune étude sur la détermination de la vitesse de migration en fonction de la taille des particules (à partir des mesures de l'efficacité fractionnaire de collection). Dans ce chapitre nous essayons d'estimer la vitesse de migration en fonction de la taille des particules et du champ électrique de précipitation dans des conditions expérimentales variées influant sur la charge des particules.

3.2. Méthode d'estimation de w_E

Nous proposons une estimation de la vitesse de migration pour différentes classes de taille de particules. La méthode adoptée fait appel aux mesures d'efficacité fractionnaire de collection réalisées sur le filtre électrostatique pilote. A partir de ces résultats expérimentaux, par l'intermédiaire d'un modèle théorique de fonctionnement du filtre, on estime la vitesse de migration des particules.

3.2.1. Démarche expérimentale

La vitesse de migration w_E est directement proportionnelle à l'intensité du champ électrique E présent à l'intérieur du filtre ainsi qu'à la charge électrique des particules q_p. Les mesures de l'efficacité fractionnaire devront donc être réalisées dans certaines conditions expérimentales qui peuvent assurer, d'une façon cohérente, le calcul de w_E. Une condition essentielle est d'avoir une répartition spatiale connue du champ électrique, qui n'est pas trop affectée par la charge d'espace ionique et par celle résultant des particules chargées.

Pour se situer le plus près possible des conditions réelles, présentes dans les précipitateurs industriels, les électrodes ionisantes utilisées dans ces expériences sont des tiges avec pointes (voir § 2.1.1). La décharge couronne qui se produit à proximité de chaque pointe conduit à une injection de charge très hétérogène dans la zone comprise entre le plan central et les plaques collectrices. Ainsi, une charge d'espace ionique se forme; en ajoutant l'influence des particules présentes à l'intérieur du filtre, la distribution du champ électrique est très compliquée. Dans ces conditions, estimer la vitesse de migration est presque impossible ou implique des approximations très discutables. Une adaptation de notre dispositif expérimental est donc nécessaire afin de pouvoir déduire la vitesse de migration des fines particules en fonction de plusieurs paramètres de fonctionnement, parmi lesquels le plus important est l'intensité du champ électrique de précipitation $\vec{E}$.

Un supplément de clarté peut être apporté dans notre étude par la possibilité de changer les conditions de charge des particules. En gardant la même configuration du filtre et la même composition du mélange air-particules, expérimentalement, il existe deux possibilités de modifier les conditions de charge des particules:
- modifier la valeur du potentiel électrique appliqué aux électrodes ionisantes, ce qui implique donc, la variation de l'intensité du champ électrique et de la densité de charge d'espace ionique;
- modifier la vitesse moyenne du gaz, donc, le temps de séjour des particules à l'intérieur du filtre.

Pour satisfaire toutes ces conditions, le précipitateur électrostatique présenté dans la section 2.2 a été divisé en deux parties: une première partie destinée à la charge des particules (et où la distribution hétérogène de charge conduit à la formation d'une turbulence spécifique des filtres électrostatiques) et une deuxième partie où l'on applique un champ électrique uniforme. Les deux parties du filtre ont la même longueur; dans la première nous avons gardé comme électrodes ionisantes les tiges avec pointes portées à une haute tension négative.

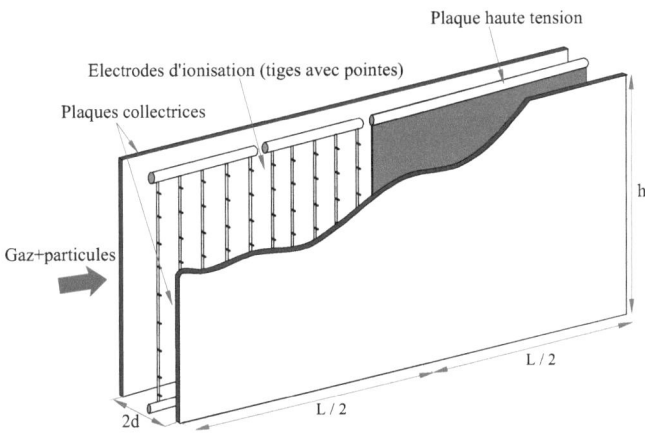

Figure 3.1 - *Schéma du filtre électrostatique divisé en deux sections.*

Dans la deuxième zone, les électrodes ionisantes ont été remplacées par une plaque connectée à une autre source de tension de la même polarité (figure 3.1). Cette deuxième section est destinée effectivement à la mesure d'efficacité fractionnaire de collection. Le potentiel électrique appliqué sur la plaque centrale dans la deuxième zone du filtre peut être modifié indépendamment de la tension d'alimentation des tiges. Ceci permet de faire varier facilement le champ électrique de précipitation présent dans la zone de mesure sur une plage de valeurs assez étendue. Pour éviter les influences de nature électrostatique entre les deux zones du filtre nous avons prévu une distance minimale entre la plaque haute tension et la dernière tige d'environ 6 cm (voir la figure 3.1). Dans ce cas, si par exemple V_{charge} = 25 kV, le potentiel électrique flottant mesuré sur la plaque centrale de la seconde zone du filtre monte jusqu'à quelques centaines de volts. Pour cette raison, nous travaillons avec des valeurs de V_{charge} inférieures à 22 kV. Pour ces valeurs, le potentiel électrique mesuré sur la plaque centrale est quasi-nul et la mise à la masse de celle-ci (qui assure un champ de collection nul, nécessaire pour déterminer la distribution granulométrique à l'entrée de la zone de mesure) ne perturbe pas d'une manière significative le champ électrique de charge à la fin de la première zone du filtre.

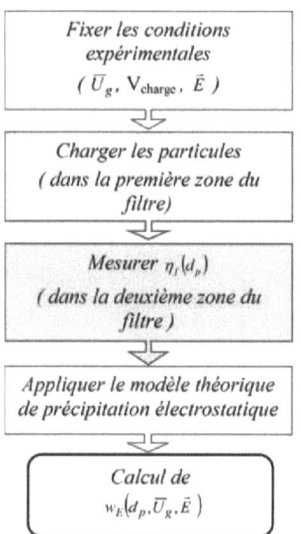

Figure 3.2 - *Schéma logique du calcul de w_E (d_p).*

3.2.2. Principe de mesure de l'efficacité fractionnaire de collection

Suite à la description du dispositif expérimental, nous examinons plus en détail la manière dont on détermine la vitesse de migration des particules. Le schéma logique qui intervient dans nos estimations de vitesse est représenté dans la figure 3.2.

Expérimentalement, on a accès aux mesures d'efficacité fractionnaire dans la deuxième zone du filtre, là où le champ électrique est établi entre deux plaques planes et parallèles. Pour ceci, des mesures sur la répartition granulométrique des particules à l'entrée et à la sortie de la deuxième partie du filtre sont nécessaires. Les particules en suspension dans le flux gazeux sont soumises, depuis leur entrée dans le filtre électrostatique, au processus de charge (dans la première zone) et à l'action du champ électrique (dans les deux zones). Il existe donc une certaine proportion d'entre elles qui vont être captées dans la première partie du filtre. Les mesures de l'efficacité fractionnaire de séparation seront ainsi réalisées sur les particules qui échappent au processus de précipitation dans la première section de l'électrofiltre. Dans le chapitre 2, nous avons décrit la fonctionnalité du granulomètre laser qui nous permet de déterminer la concentration ainsi que la taille des particules. Nous avons vu que la canne isocinétique à l'aide de laquelle une partie de la suspension air-particules est prélevée et analysée est située à une certaine distance après la sortie du précipitateur électrostatique (voir la section 2.3). La technique de mesure est donc la même que celle présentée dans la section 2.3. La concentration des particules à l'entrée du filtre et le potentiel électrique appliqué aux électrodes ionisantes (dans la première zone du filtre) sont maintenues constants. Lorsque le champ électrique de collection dans la deuxième zone du précipitateur est nul, c'est à dire lorsque le potentiel appliqué à la plaque centrale est zéro, le prélèvement de la suspension air-particules nous donne la distribution granulométrique des particules à l'entrée de la deuxième zone du filtre. On obtient ainsi la concentration initiale moyenne (en volume) de particules à l'entrée de la zone de mesure. Par contre, en appliquant un potentiel électrique à la plaque centrale de la zone de mesure et en gardant les mêmes conditions dans la première partie du précipitateur, les particules déjà chargées qui sortent de la première zone sont soumises à l'action du champ électrique de collection et une certaine proportion d'entre elles est captée. Dans ce cas, l'analyse de la composition du mélange air-particules conduit à la concentration moyenne des particules à la sortie de la zone de mesure. La détermination de l'efficacité fractionnaire de collection dans la deuxième section (plaque-plaque) demande donc une condition essentielle: la concentration des particules à l'entrée du filtre doit être constante dans le temps (voir les sections 2.1 et 2.3).

Un autre facteur essentiel pour l'estimation de la vitesse de migration, qui a été rappelé dans § 3.2.1, est la répartition spatiale du champ électrique de collection $\vec{E}$. Dans la section de mesure de l'électrofiltre, la différence de potentiel est appliquée entre deux plaques planes et parallèles (voir figure 3.1). En absence de particules chargées, le champ électrique est uniforme et son intensité est:

$$E = \frac{V_{plaque}}{d}, \qquad (3.4)$$

où V_{plaque} représente le potentiel électrique appliqué à la plaque centrale de la zone de mesure et d est la demi-distance entre les plaques de collecte.

Le fonctionnement de l'électrofiltre et donc les mesures d'efficacité fractionnaire de collection, implique nécessairement la présence de particules chargées dans la seconde partie du filtre. La charge d'espace correspondante modifie la répartition du champ électrique de collection et la relation (3.4) n'est plus valable en toute rigueur. Si la concentration de particules entrant dans la zone de mesure est importante, le champ électrique est croissant lorsqu'on se déplace de la plaque centrale vers les électrodes de collecte et il peut prendre des valeurs notablement différentes de celle donnée par (3.4). Par contre si la concentration en particules est très faible, la perturbation du champ est insignifiante et on peut alors la négliger. Pour cette raison, dans nos expériences, nous avons limité la concentration à l'entrée du précipitateur à des valeurs très faibles, inférieures à 500 particules/cm^3. En plus, le processus de séparation qui a lieu dans la première zone du filtre diminue fortement le nombre de celles-ci dans la partie de mesure. En effet, les particules de plus grande taille qui sont les plus chargées sont captées au début du précipitateur. La distribution granulométrique de la suspension qui entre dans cette deuxième zone du filtre change suivant les conditions expérimentales présentes dans la zone de charge. Contrairement à la courbe présentée dans la section 2.2 (figure 2.8), la majeure partie des particules qui sortent de la première zone du précipitateur ont une taille inférieure à 1 µm (voir figure 3.3).

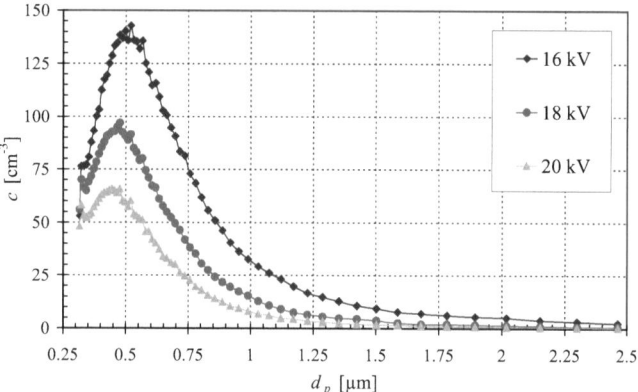

Figure 3.3 - *Distribution granulométrique (en nombre) des particules à l'entrée de la deuxième zone du filtre pour $\overline{U}_g = 1,0$ m/s et différentes valeurs du potentiel électrique appliqué aux électrodes ionisantes V_{charge}.*

La figure 3.3. montre que la distribution granulométrique des particules à l'entrée de la zone de mesure change en fonction de la valeur du potentiel électrique V_{charge} appliqué aux électrodes ionisantes. Nous avons vu que, pour la poudre de calcite vierge, la distribution granulométrique est centrée sur un diamètre d'environ 0,6 µm (figure 2.8). En examinant la figure 3.3, on observe que la taille caractéristique (correspondant au maximum de la courbe) diminue avec V_{charge}: $(d_p)_{max} \cong 0{,}55$ µm, 0,45 µm et 0,40 µm pour des valeurs du potentiel de charge V_{charge} = 16 kV, 18 kV et 20 kV respectivement. Des résultats similaires ont été obtenus pour d'autres vitesses moyennes du gaz. Dans ces conditions, la charge d'espace des particules présentes dans la section de mesure a une très faible influence sur le champ électrique de collection. Ainsi, dans nos calculs nous faisons l'hypothèse que le champ électrique de collection $\vec{E}$ a une répartition uniforme et que son intensité est donnée par la relation (3.4).

L'installation expérimentale utilisée ainsi que la technique employée pour mesurer l'efficacité fractionnaire de collecte dans la section plaque-plaque du précipitateur impliquent des mesures granulométriques entrée – sortie décalées dans le temps (voir la section 2.3). Malgré nos efforts pour maintenir une concentration des particules constante au cours du temps, il existe toujours des fluctuations. La méthode que nous avons adoptée pour réduire l'influence de ces fluctuations consiste à réaliser plusieurs séries de mesures et de calculer les valeurs moyennes de la concentration pour chaque classe de taille de particules. Ainsi, pour obtenir la courbe de distribution granulométrique dans des conditions expérimentales données, le temps effectif de mesure est d'au moins 15 minutes, ce qui correspond à au moins trois séries de mesures et le nombre total de particules comptées est d'environ 10^6.

Au cours d'une série de mesures, la captation des particules qui se produit tout au long du précipitateur conduit à la formation de couches de poudre sur les plaques collectrices. Des observations visuelles ont permis de constater qu'il existe aussi un certain nombre de particules qui se déposent à la surface des électrodes ionisantes (sur les tiges et même sur les pointes). En conservant une valeur constante du potentiel de charge, on remarque une légère tendance à la diminution du courant électrique établi dans la zone de charge, au fur et à mesure que la quantité de particules captées augmente. La décroissance du courant - même dans une proportion très faible (5%) – peut influencer le processus de charge des particules; d'autre part, la formation d'une couche de particules relativement importante aux parois peut conduire aussi à l'apparition de ré-entraînement. Afin de faire chaque série de mesures en partant des mêmes conditions initiales, on commence par nettoyer soigneusement les plaques collectrices et les électrodes ionisantes à l'aide d'une soufflette alimentée avec de l'air comprimé sous une pression de 6 bars.

Dans la section suivante nous présentons les résultats expérimentaux obtenus sur l'efficacité fractionnaire de collection dans différentes conditions expérimentales. Ces résultats seront utilisés ultérieurement pour estimer la vitesse de migration des particules.

3.3. Résultats expérimentaux sur l'efficacité fractionnaire de collection

L'efficacité fractionnaire de collection mesurée dans la section plaque–plaque du précipitateur a été déterminée dans différentes conditions expérimentales. Les paramètres qui ont été modifiés au cours de cette étude sont :

- la vitesse moyenne de l'air $\overline{U}_g$;

- le potentiel électrique appliqué aux électrodes ionisantes dans la première zone du précipitateur (potentiel électrique de charge) V_{charge} ;

- le champ électrique de collection appliqué dans la zone de mesure $\vec{E}$.

L'efficacité fractionnaire de collection a été déterminée pour toute la gamme des particules présentes dans le filtre, ayant un diamètre supérieur à 0,3 µm (limite inférieure du granulomètre laser). Nous examinons maintenant comment le rendement de filtration varie en fonction de tous ces paramètres.

3.3.1. Distributions granulométriques à l'entrée et à la sortie de la zone de mesure

La première étape pour déterminer l'efficacité fractionnaire de collection est d'obtenir les distributions granulométriques à l'entrée et à la sortie de la zone de mesure. Ces distributions sont présentées dans les figures 3.4 et 3.5 pour différentes conditions expérimentales. Chaque figure contient une série de courbes obtenues pour des valeurs du potentiel électrique de charge V_{charge} et de la vitesse moyenne du gaz fixées. Le seul paramètre qui varie au cours d'une série de mesure est le champ électrique de collection. Les courbes pour lesquelles $E = 0$ kV/cm correspondent aux distributions granulométriques à l'entrée de la zone de mesure. Si le champ électrique a une valeur non-nulle, une séparation électrostatique se produit dans la zone seconde du filtre et les courbes correspondantes représentent les distributions en taille des particules non collectées. Nous observons que pour chaque série de mesures, la concentration de particules à la sortie du précipitateur diminue fortement quand l'intensité du champ électrique est augmentée. Les figures 3.4 et 3.5 montrent aussi que la valeur du diamètre des particules $\left(d_p\right)_{max}$ correspondant aux pics des courbes diminue avec l'augmentation de E. Il résulte donc que les particules plus grosses sont de mieux en mieux collectées et seules les plus fines particules échappent au processus de filtration. Des courbes tout à fait similaires ont été obtenues pour d'autres valeurs du potentiel électrique de charge (16 kV et 22 kV).

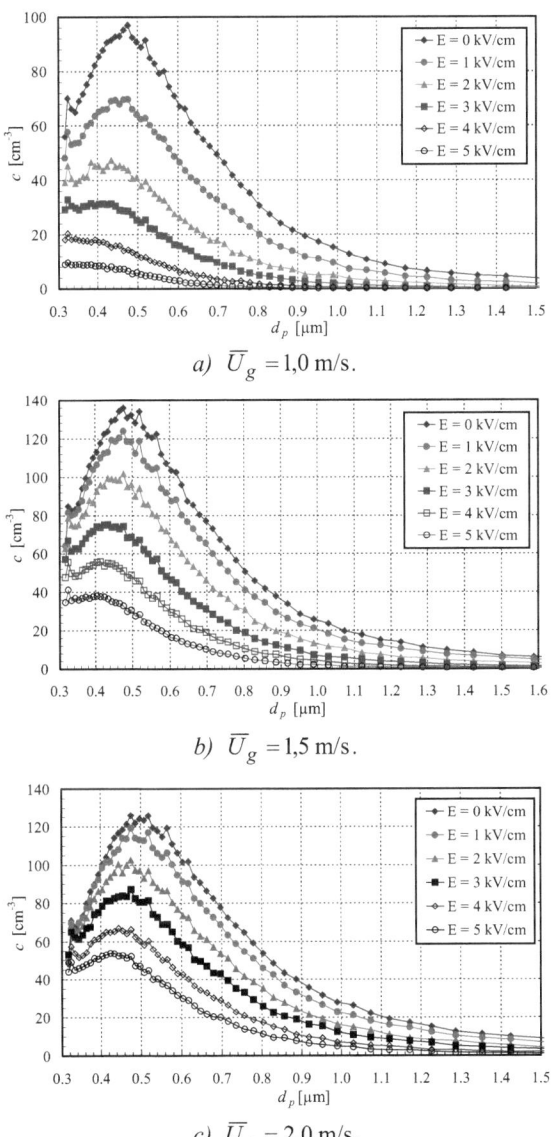

Figure 3.4 - *Distributions granulométriques à l'entrée (E=0) et à la sortie de la zone de mesure pour plusieurs valeurs du champ électrique (E) et V_{charge} = 18 kV.*

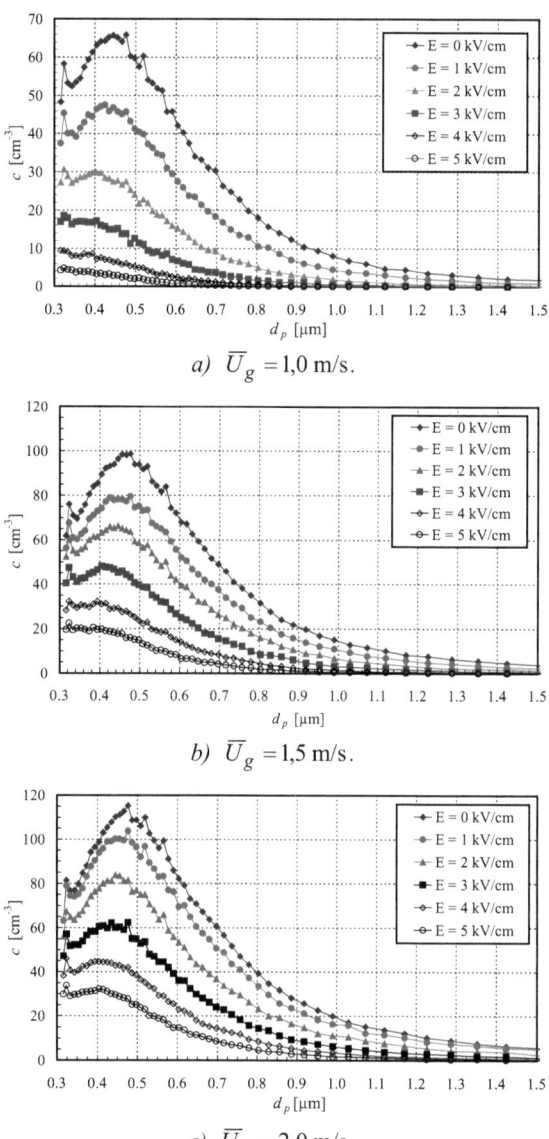

a) $\overline{U}_g = 1{,}0$ m/s.

b) $\overline{U}_g = 1{,}5$ m/s.

c) $\overline{U}_g = 2{,}0$ m/s.

Figure 3.5 - *Distributions granulométriques à l'entrée (E=0) et à la sortie de la zone de mesure pour plusieurs valeurs du champ électrique de collectionn (E) et $V_{charge} = 20$ kV.*

3.3.2. Influence de la taille des particules sur l'efficacité de collection

Dans ce paragraphe nous allons voir comment l'efficacité de collection de notre filtre varie en fonction de la taille des particules. Pour ceci nous faisons appel directement aux courbes de distributions granulométriques représentées dans les figures 3.4 et 3.5. Pour chaque taille de particules, l'efficacité de précipitation est calculée à partir de l'expression (1.2). Les figures 3.6 et 3.7 représentent les variations du rendement de collecte en fonction du diamètre des particules pour différentes valeurs du champ électrique appliqué dans la zone de mesure du filtre. Comme on s'y attendait, l'efficacité de précipitation augmente avec la taille des particules. Ce comportement est habituellement expliqué dans la littérature [1,4] par le fait que la mobilité des particules augmente avec leur diamètre.

Les fluctuations qui apparaissent sur les courbes d'efficacité ainsi que sur les distributions granulométriques sont essentiellement de nature statistique. Leur amplitude peut être diminuée si on augmente le nombre de séries de mesures pour chaque courbe (et, par conséquent, le temps effectif de mesure).

3.3.3. Influence du champ électrique sur l'efficacité de collection

L'intensité du champ électrique de collection E a une importance déterminante dans le processus de précipitation électrostatique. Dans notre étude, nous avons mesuré l'efficacité de collecte en fonction de ce paramètre. Même si la manière dont le précipitateur électrostatique a été réalisé permet d'appliquer un potentiel électrique d'environ 40 kV à la plaque haute tension de la zone de mesure (ce qui correspond à un champ de collection d'environ 8,5 kV/cm), en pratique, nous ne présentons pas de résultats pour des valeurs de champ dépassant 5 kV/cm. En effet, pour $E > 5$ kV/cm, la concentration des particules en sortie du filtre est très faible et les incertitudes statistiques deviennent trop importantes.

La figure 3.8 montre que pour toutes les tailles de particules, l'augmentation de l'intensité du champ électrique se traduit par une augmentation de l'efficacité de collection (les classes granulométriques que nous avons considérées lors de cette étude sont définies dans la section suivante). Il faut noter la forte influence du champ électrique de collection sur le rendement du filtre.

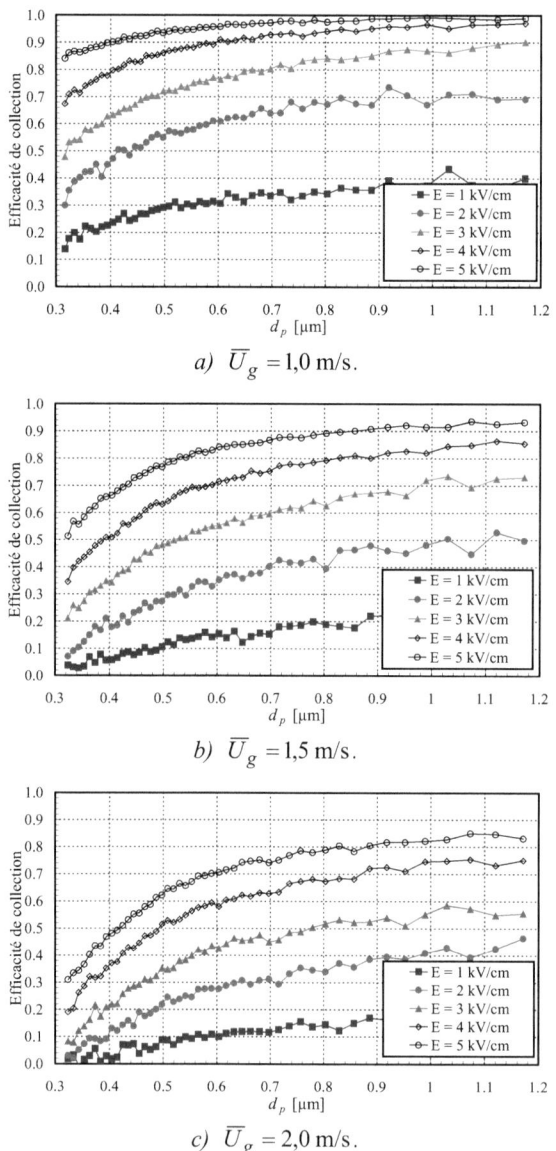

a) $\overline{U}_g = 1{,}0$ m/s.

b) $\overline{U}_g = 1{,}5$ m/s.

c) $\overline{U}_g = 2{,}0$ m/s.

Figure 3.6 - *Variations de l'efficacité de collection en fonction du diamètre des particules pour plusieurs valeurs du champ électrique de collection E*
($V_{charge} = 18$ kV).

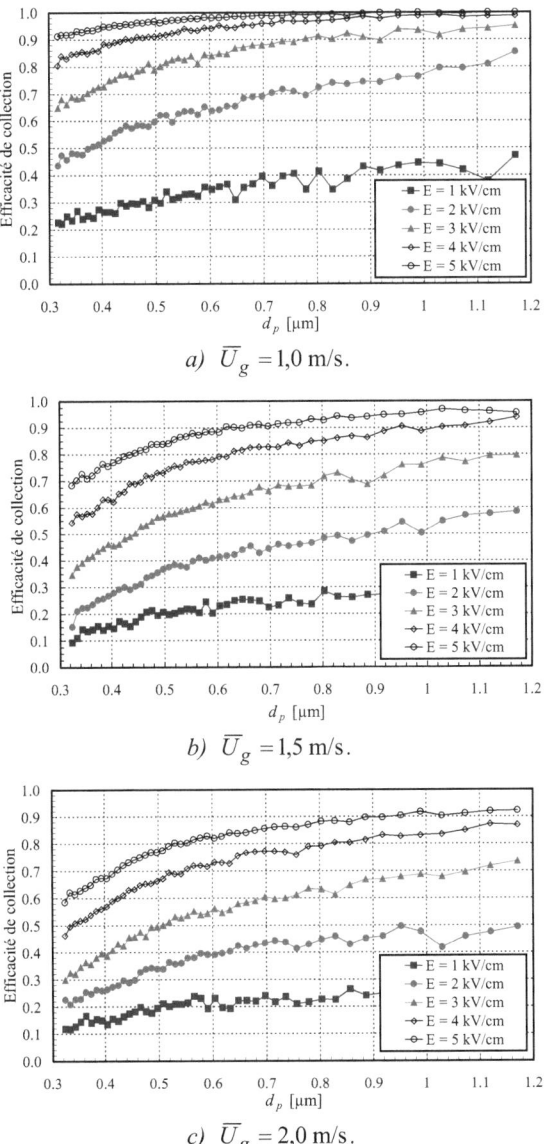

a) $\overline{U}_g = 1{,}0$ m/s.

b) $\overline{U}_g = 1{,}5$ m/s.

c) $\overline{U}_g = 2{,}0$ m/s.

Figure 3.7 - *Variations de l'efficacité de collection en fonction du diamètre des particules pour plusieurs valeurs du champ électrique de collection E* (V_{charge} =20 kV).

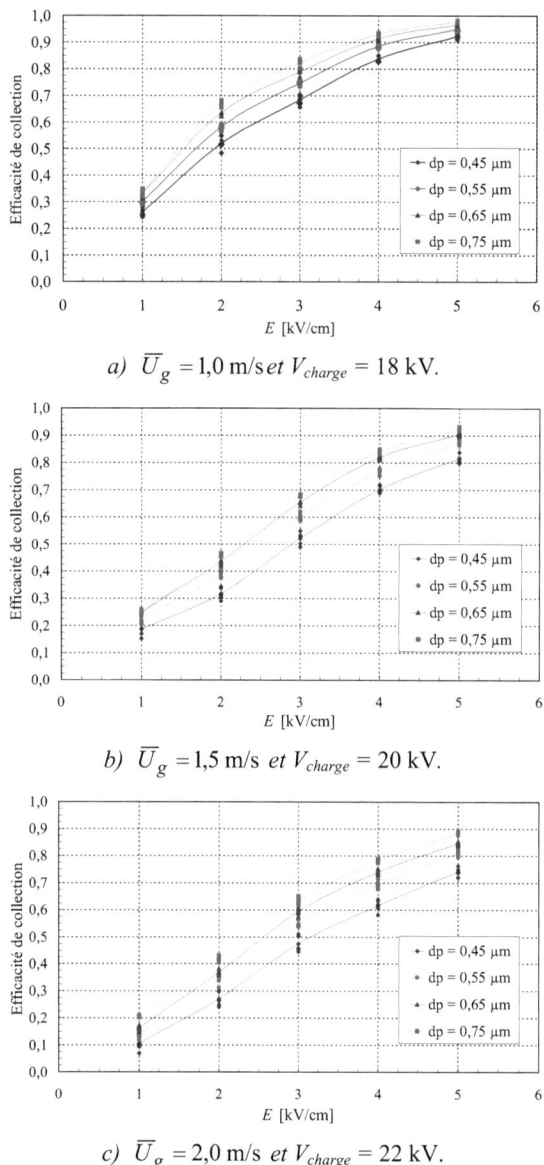

Figure 3.8 - *Variations de l'efficacité de collection en fonction de l'intensité du champ électrique de collection pour plusieurs classes de taille.*

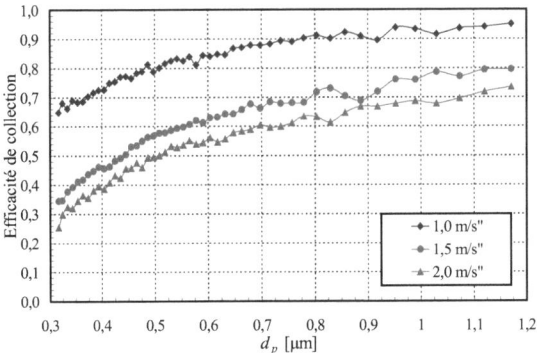

Figure 3.9 - *Variations de l'efficacité de filtration en fonction du diamètre des particules pour V_{charge} = 20 kV et pour trois valeurs de la vitesse de l'air.*

3.3.4. Influence de la vitesse moyenne de l'air sur l'efficacité de collection

Un autre paramètre important est la vitesse moyenne axiale $\overline{U}_g$ du mélange air-particules. Dans nos expériences, la vitesse moyenne de l'air peut être variée entre 0,5 et 2,2 m/s. Cependant, nous avons limité nos mesures pour trois valeurs de la vitesse souvent rencontrées dans les précipitateurs électrostatiques industriels: 1, 1,5 et 2 m/s. Les figures 3.6 et 3.7 présentent diverses courbes de l'efficacité de collection, pour ces trois valeurs de $\overline{U}_g$. Pour illustrer de manière claire l'influence de la vitesse moyenne de l'air sur le rendement de filtration, nous représentons dans la figure 3.9 trois courbes d'efficacité réalisées dans les mêmes conditions expérimentales, mais pour les trois valeurs de $\overline{U}_g$.

En examinant la figure 3.9, on observe que l'augmentation de la vitesse de l'air produit une baisse du rendement du filtre (pour chaque valeur du champ électrique de collection appliqué). Ceci peut avoir plusieurs explications parmi lesquelles on retient les suivantes:

- la vitesse moyenne d'écoulement gazeux est en relation directe avec le taux de turbulence. L'augmentation de $\overline{U}_g$ détermine une croissance de la turbulence du gaz ce qui peut avoir des effets négatifs sur l'efficacité de filtration;
- l'augmentation de $\overline{U}_g$ réduit le temps de séjour des particules dans le fltre, ce qui peut déterminer la diminution de la charge électrique accumulée par celles-ci.

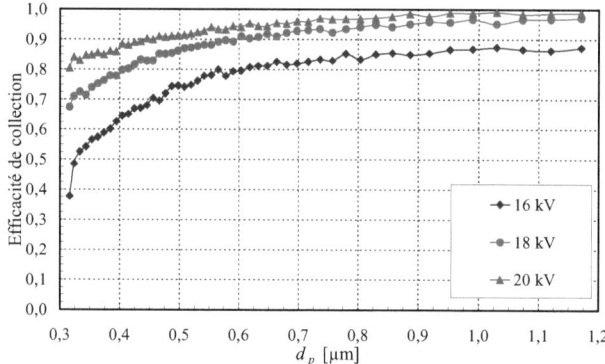

Figure 3.10 - *Variations de l'efficacité de filtration en fonction du diamètre des particules pour plusieurs valeurs du potentiel électrique V_{charge} appliqué aux électrodes ionisantes (E = 4 kV/cm et $\overline{U}_g$ =1,0 m/s).*

3.3.5. Influence du potentiel électrique de charge sur l'efficacité de collection

La valeur du potentiel électrique appliqué aux électrodes ionisantes a des effets importants sur le processus de collection dans la zone de mesure. En fait, en modifiant V_{charge} on change à la fois l'intensité du champ électrique et la densité de charge d'espace ionique dans la première zone du précipitateur. Nous avons rappelé dans la section 1.3 que la charge des particules dépend de la densité d'ions et de l'intensité du champ électrique. En variant le potentiel V_{charge}, on influence donc le processus de charge des particules dans la première zone du filtre. Ceci doit réagir directement sur l'efficacité de filtration de la zone de mesure (voir figure 3.10).

Les mesures expérimentales de rendement de collection ont été réalisées pour plusieurs valeurs de V_{charge}. La figure 3.10 montre clairement que l'augmentation du potentiel électrique appliqué aux électrodes ionisantes conduit à une amélioration de l'efficacité de filtration dans la deuxième zone du précipitateur. Des résultats similaires ont été obtenus pour les autres valeurs du champ électrique de collection. Cependant, l'interprétation d'un tel comportement n'est pas très simple. Ainsi, dans nos conditions expérimentales, l'amélioration du rendement de collection peut être attribuée essentiellement à l'augmentation de la charge des particules. Mais modifier la valeur de V_{charge} peut changer aussi la structure de l'écoulement gazeux, ce qui a des conséquences sur les trajectoires des particules et par conséquent sur les processus de charge et de collection (cette question sera examinée dans le chapitre 5).

3.4. Estimation de la vitesse de migration des fines particules

3.4.1. Les classes granulométriques de particules

Pour caractériser le processus de migration des particules, des classes granulométriques de particules doivent être définies (voir aussi §1.3.1). Naturellement, chaque canal de mesure du compteur laser définit une classe de taille; cependant le nombre de classes est très élevé: il y a 92 classes de taille qui couvrent l'intervalle compris entre 0,3 et 20 µm dont 45 concernent les particules de diamètre inférieur à 1 µm. Conserver ces classes nous aurait amenés à un travail considérable de traitement des mesures présentées au paragraphe précédent car les calculs de la vitesse de migration des particules sont laborieux. En plus, le nombre de particules comptées dans chaque classe est assez faible, ce qui explique en partie les fluctuations statistiques visibles sur les figures 3.4 à 3.7. Nous avons donc diminué fortement le nombre de classes granulométriques en regroupant plusieurs canaux de mesure. Ainsi, dans l'intervalle 0,3 – 1 µm on considère sept classes granulométriques, schématiquement représentées dans la figure 3.11. Chaque classe est caractérisée par un diamètre moyen d_p, une limite inférieure et une limite supérieure. Par exemple, la classe 3 contenant 8 canaux de mesure, est caractérisée par un diamètre moyen de 0,55 µm et des limites inférieure et supérieure de 0,5 µm et 0,6 µm respectivement.

Toutes les particules qui font partie d'une classe granulométrique seront caractérisées ensuite par le diamètre moyen d_p de cette classe. Alors, dans des conditions expérimentales précises, chaque classe granulométrique est caractérisée par une efficacité de collection moyenne. Par définition, pour une classe donnée de particules, l'efficacité de filtration est calculée par la relation suivante:

$$\eta(d_p) = 1 - \frac{\left(\sum_{i=1}^{N_{canal}} n_i\right)_{sortie}}{\left(\sum_{i=1}^{N_{canal}} n_i\right)_{entrée}}, \qquad (3.5)$$

où n_i représente le nombre total de particules comptées par canal i et N_{canal} est le nombre de canaux de la classe granulométrique de diamètre moyen d_p.

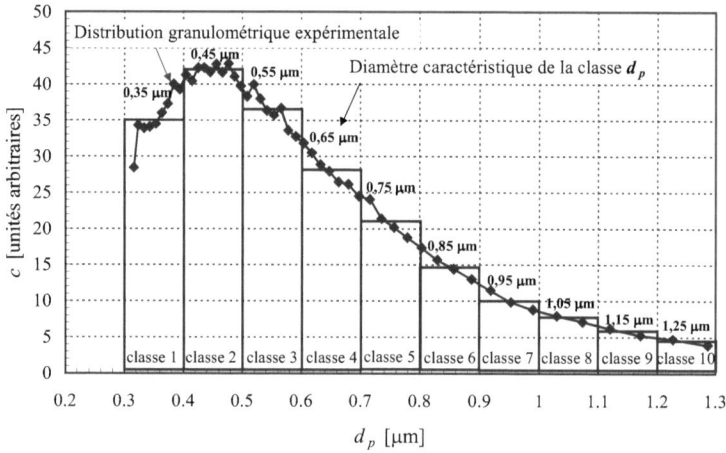

Figure 3.11 - *Représentation schématique des classes granulométriques.*

3.4.2. Calcul de la vitesse de migration. Théorie de Leonard.

Après avoir mesuré l'efficacité de collecte pour chaque classe de taille des particules, l'estimation de la vitesse de migration nécessite d'utiliser une relation entre w_E et η_f. Un calcul exact de la vitesse de migration pourrait être réalisé à partir d'une théorie qui caractérise complètement le fonctionnement du filtre électrostatique pilote. Une telle théorie devrait prendre en compte l'influence de chaque paramètre de fonctionnement du filtre afin de permettre l'obtention des valeurs de w_E pour des conditions expérimentales variées. Comme nous l'avons vu dans le chapitre 1, il n'existe pas de théorie complète sur la précipitation électrostatique capable de rendre compte des observations expérimentales. Dans ce cas, nous sommes obligés de faire appel aux modèles analytiques de fonctionnement des filtres électrostatiques présentés dans la section 1.3, en essayant de les adapter le mieux possible à nos conditions expérimentales.

Nous avons vu que, parmi les trois modèles analytiques présentés, selon la valeur de la diffusivité turbulente D_t (voir § 1.3.5), la théorie de *Leonard et al.* permet de retrouver les résultats prédits par le modèle de *Deutsch* et par le modèle laminaire. Suite à cette observation, nous focalisons notre étude sur l'estimation de la vitesse de migration des particules en utilisant le modèle de *Leonard*. La distribution de la concentration c de particules à l'intérieur d'un filtre électrostatique plaque-plaque en présence d'un champ électrique uniforme est caractérisée par l'équation de convection-diffusion (1.25). Les détails concernant la résolution analytique de cette équation sont donnés dans [14]. En utilisant les conditions aux limites (1.26), la méthode de séparation des variables conduit à rechercher une solution de la forme suivante:

$$c(x,z) = A(x) \cdot B(z). \tag{3.6}$$

La solution générale de l'équation (1.25) est [14,17]:

$$c(x,z) = \sum_m \left\{ \exp\left[\left(-\frac{w_E \cdot x}{u \cdot d}\right) \cdot F_m\right]\right\} \cdot \left\{ C_m \cdot \exp\left[\left(\frac{Pe \cdot z}{2 \cdot d}\right)\right]\right\} \cdot \left[\left(\frac{2 \cdot \theta_m}{Pe}\right) \cdot \cos\left(\frac{\theta_m \cdot z}{d}\right) + \sin\left(\frac{\theta_m \cdot z}{d}\right)\right], \tag{3.7}$$

où $F_m = \left(\frac{1}{\Omega}\right)^2 \frac{Pe}{2} \cdot \left\{\sqrt{1+\Omega^2 \cdot \left[1+\left(\frac{2\theta_m}{Pe}\right)^2\right]} - 1\right\}$, avec $\Omega = w_E/u$; les C_m sont des constantes déterminées par le profil de la concentration des particules à l'entrée du filtre $c(0,z)$. Dans l'expression (3.7), θ_m représente les racines de l'équation [14]:

$$\tan\theta = -2 \cdot \left(\frac{2 \cdot \theta}{Pe}\right) \bigg/ \left[1 - \left(\frac{2 \cdot \theta}{Pe}\right)^2\right] \tag{3.8}$$

A partir de (3.7), on détermine l'efficacité de collection qui s'écrit:

$$\eta(d_p) = 1 - \frac{\sum_{m=1}^{\infty} H_m \cdot \exp\left\{\left[\frac{1}{\Omega} - \left(\frac{1}{\Omega^2} + \frac{2 \cdot \theta_m}{Pe} + 1\right)^{1/2}\right] \cdot \frac{w_E \cdot d}{2 \cdot D_t} \cdot \frac{L}{d}\right\}}{\sum_{m=1}^{\infty} H_m}, \tag{3.9}$$

où H_m a l'expression suivante:

$$H_m = \frac{\left(\frac{2 \cdot \theta_m}{Pe}\right)^2 \cdot \left\{\frac{1}{\Omega} + \left[\frac{1}{\Omega^2} + \left(\frac{2 \cdot \theta_m}{Pe}\right)^2 + 1\right]^{1/2}\right\} \cdot (-1)^{m+1}}{\left\{2 + \frac{w_E \cdot d}{2 \cdot D_t} \cdot \left[\left(\frac{2 \cdot \theta_m}{Pe}\right)^2 + 1\right]\right\} \cdot \left[\left(\frac{2 \cdot \theta_m}{Pe}\right)^2 + 1\right]^2} \tag{3.10}$$

On observe dans l'expression (3.7) que la concentration des particules en un point (x,z) situé à l'intérieur du précipitateur est sous la forme d'une série. Le premier terme de cette série ($m = 1$) est appelé mode dominant; mathématiquement, il représente la solution asymptotique, pour $x \to \infty$, de l'équation (1.25). Le profil selon l'axe Oz de cette solution asymptotique est donné par [14]:

$$c(x_0, z) \propto \exp\left[\left(\frac{Pe \cdot z}{2 \cdot d}\right)\right] \cdot \left[\left(\frac{2 \cdot \theta_1}{Pe}\right) \cdot \cos\left(\frac{\theta_1 \cdot z}{d}\right) + \sin\left(\frac{\theta_1 \cdot z}{d}\right)\right] \quad (3.11)$$

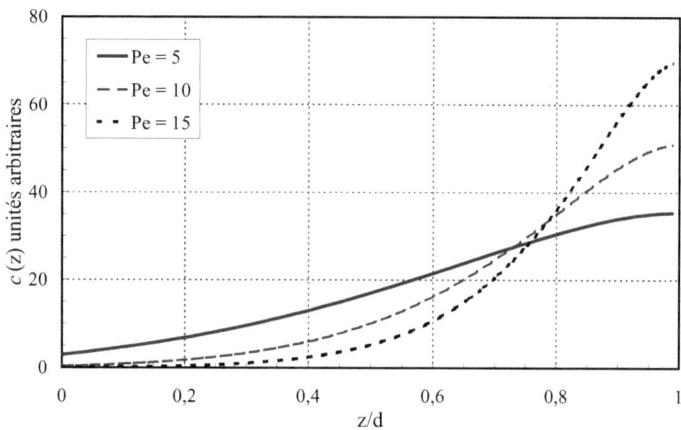

Figure 3.12 - *Profils de la concentration des particules correspondant au mode dominant pour trois valeurs du nombre de Peclet.*

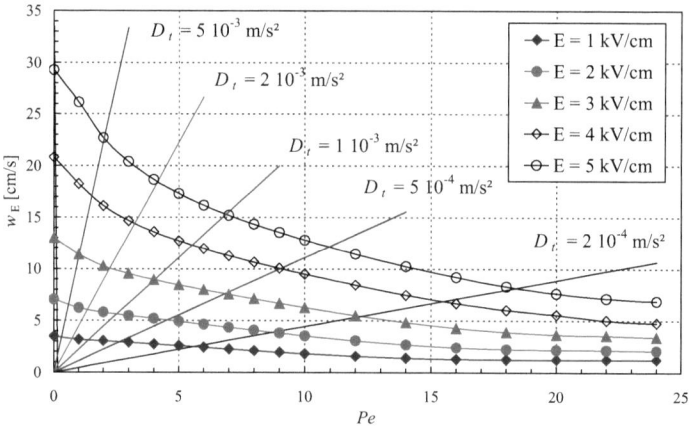

Figure 3.13 - *Schéma explicatif pour le calcul de la vitesse de migration dans le cas d'un profil asymptotique de la concentration de particules $(\overline{U}_g = 1,5$ m/s et $V_{charge} = 20$ kV$)$.*

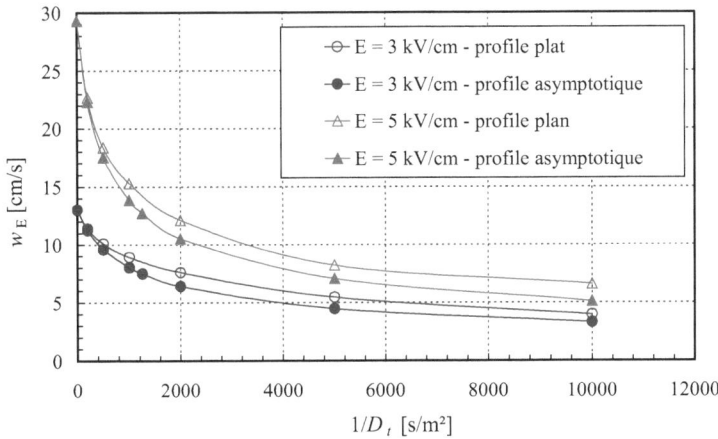

Figure 3.14 - *Variations de la vitesse de migration des particules en fonction de l'inverse de la diffusivité turbulente dans les cas d'un profil plat et d'un profil asymptotique de la concentration ($\overline{U}_g$ = 1,5 m/s et V_{charge} = 20 kV).*

La figure 3.12 montre l'allure de ce profil pour différentes valeurs du nombre de *Peclet*; on observe que la concentration des particules croît lorsqu'on s'approche des plaques collectrices. Ceci est bien conforme à ce que l'on attend car le champ dirige les particules vers les électrodes de collecte et tend à vider la zone centrale tandis que la diffusion turbulente ramène une certaine proportion de particules vers le cœur du précipitateur. Nous observons également qu'à mesure que le nombre de *Peclet* augmente, la concentration en particules devient de plus en plus faible au cœur du précipitateur et tend à augmenter de plus en plus rapidement au voisinage de la plaque.

Calculer la vitesse de migration des particules à partir des valeurs de $\eta_f(d_p)$ en utilisant la relation (3.9) n'est pas simple. On remarque que w_E est une fonction de *Pe* et, dans le même temps, le nombre de *Peclet* est proportionnel à la vitesse de migration (voir l'expression 1.27). Par conséquent (3.9) constitue une relation implicite complexe. Nous avons utilisé une méthode d'approximations successives pour obtenir w_E. La figure 3.13 illustre graphiquement la méthode adoptée: pour une valeur expérimentale donnée de l'efficacité fractionnaire $\eta_f(d_p)$ on détermine la courbe donnant w_E en fonction du nombre de *Peclet Pe* en résolvant (3.9). La vitesse de migration recherchée est obtenue par l'intersection de cette courbe $w_E(Pe)$ avec la droite $w_E = Pe \cdot D_t/d$. Ceci implique en principe de connaître la valeur de D_t. Comme nous ne connaissons pas a priori cette valeur, la détermination de w_E sera faite en prenant D_t comme paramètre.

La méthode de calcul de w_E étant fixée, nous devons choisir quel est le profil initial de la concentration des particules dans le cas de nos expériences. Il s'agit donc de connaître comment varie la concentration des particules dans le plan transversal situé à l'entrée de la deuxième zone du filtre. Nous n'avons pas cherché à déterminer expérimentalement ce profil initial parce que les moyens expérimentaux dont nous disposons ne permettaient pas de faire des mesures précises dans un temps raisonnable. Nous avons considéré deux cas:

- une concentration uniforme, donc un profil plat à l'entrée de la zone de mesure;
- le profil asymptotique (3.11) qui correspond au mode dominant de la solution (3.7).

S'il n'y avait pas d'action de la première zone de l'électrofiltre, la distribution à retenir serait le profil plat. En réalité, les particules qui se trouvent à l'entrée de la zone de mesure sont celles qui n'ont pas été captées dans la zone de charge. Pendant leur trajet jusqu'à la sortie de la première partie du filtre, elles sont soumises aux forces exercées par le champ électrique. Cela conduit très vraisemblablement à une concentration plus forte à proximité des plaques collectrices, c'est à dire à un profil qualitativement similaire à ceux de la figure 3.12. L'approximation la plus simple consiste à admettre que le profil d'entrée est identique au profil de la solution asymptotique dans la deuxième partie du filtre. Cette approximation simplifie beaucoup les calculs car seul le premier terme de (3.7) (le mode dominant) est nécessaire pour calculer la concentration de particules en un point quelconque. Ainsi, l'efficacité de collection peut être calculée avec (3.9) en considérant seulement le terme $m = 1$.

Avant d'exploiter tous les résultats expérimentaux, nous avons cherché à estimer l'influence du profil d'entrée sur les valeurs de la vitesse de migration. Dans la figure 3.14, nous observons que la différence entre les valeurs de w_E calculées pour un profil initial plat et pour un profil initial asymptotique ne dépasse pas 20% (voir aussi [87]). Comme il est possible que le profil d'entrée soit intermédiaire entre les profils plat et asymptotique, nous avons conclu que le choix du profil asymptotique doit nous donner une bonne approximation de w_E surtout si la valeur de la diffusivité turbulente D_t est supérieure à 10^{-3} m²/s.

A partir des valeurs de l'efficacité fractionnaire de collection mesurées expérimentalement, on calcule la vitesse de migration pour chaque classe de taille des particules en utilisant l'expression (3.9) pour $m = 1$. Pour ceci, on détermine d'abord la valeur moyenne de l'efficacité de filtration caractéristique pour chaque classe granulométrique (voir la relation 3.5) et, en utilisant la méthode décrite (et illustrée dans la figure 3.13), on accède aux valeurs de w_E. Pour la rapidité des calculs, un code numérique a été mis au point; pour des valeurs de $\eta_f(d_p)$ et D_t fixées, on cherche w_E pour laquelle la différence entre les deux membres de l'équation (3.9) devient plus petite qu'une valeur imposée.

3.4.3. Résultats de l'estimation de la vitesse de migration

Le calcul de w_E à partir de l'efficacité fractionnaire de collection, en utilisant la théorie de *Leonard*, nécessite entre autres, la connaissance de la structure de l'écoulement gazeux. Plus précisément, aux conditions expérimentales ($\overline{U}_g$, V_{charge}, E) nous devons ajouter, pour chaque cas, la valeur de la diffusivité turbulente D_t. Comme nous le verrons dans le chapitre 4, les mesures de turbulence à l'intérieur d'un électrofiltre restent une question très compliquée (et D_t est inconnue dans notre cas). C'est la raison pour laquelle, dans un premier temps, nous nous contentons de considérer D_t comme paramètre dans les estimations de $w_E(d_p)$. Ainsi, la vitesse de migration des particules est déterminée pour chaque série de mesures (voir la mesure de η_f, la section 3.3) et pour plusieurs classes granulométriques caractérisées par un diamètre moyen inférieur à 1 µm. Dans chaque cas, la vitesse de migration w_E est calculée pour plusieurs valeurs de la diffusivité turbulente. L'ordre de grandeur de D_t ($10^{-4} - 10^{-3}$ m²/s) est donné par *Self et al.* [18]. Au cours de ce chapitre, nous reviendrons plus en détail sur les résultats obtenus par *Self*.

Les figures 3.15, 3.16 et 3.17 présentent la variation de la vitesse de migration en fonction de l'intensité du champ électrique de collection (des résultats tout à fait similaires ont été obtenus pour les classes granulométriques caractérisées par d_p = 0,35 µm et d_p = 0,75 µm ainsi que pour les autres valeurs du potentiel électrique de charge). Comme on s'y attendait, la vitesse de migration w_E augmente avec le champ électrique E. Il faut remarquer que la diffusivité turbulente n'a qu'une influence limitée sur les valeurs de la vitesse de migration (une multiplication par un facteur 100 de D_t conduit à une augmentation de w_E d'un facteur 5 environ – voir figures 3.15 à 3.17). En particulier quand $D_t \to \infty$ (cas du modèle de *Deutsch*) w_E tend vers une valeur de saturation. Ceci s'explique par le fait que, dans le cas d'une diffusivité turbulente finie, la concentration des particules enregistre un minimum au centre du précipitateur et augmente en se déplaçant vers les plaques collectrices. Au contraire, dans le modèle de *Deutsch*, la concentration des particules est constante dans la direction perpendiculaire à l'écoulement gazeux (voir §.1.3.4). Le flux de particules qui sont collectées par les plaques est proportionnel à la vitesse de migration ainsi qu'à la concentration c ($\Phi = w_E \cdot c(x,d)$). En raison de cette différence de profils de concentration, il résulte donc que la vitesse de migration calculée à partir du modèle de *Deutsch* représente la borne supérieure de w_E [87,88,89].

3.4.4. Ordre de grandeur de la diffusivité turbulente

En regardant les résultats des figures 3.15 à 3.17, on observe qu'une bonne estimation de la vitesse de migration nécessite la connaissance de la valeur de la diffusivité turbulente. L'écoulement gazeux (et donc la valeur de D_t) est spécifique pour chaque filtre électrostatique et dépend de l'architecture des électrodes ainsi que de plusieurs paramètres de fonctionnement [1,90,91]. Dans ces conditions, les études expérimentales concernant la diffusivité turbulente qui sont réalisées sur d'autres précipitateurs n'ont qu'un caractère qualitatif. Dans notre cas, l'écoulement secondaire et la turbulence sont générés dans la première partie du filtre, là où le processus de charge des particules a lieu (voir aussi la discussion dans [87] et [88]). A la turbulence naturelle, présente dans tout écoulement gazeux forcé, s'ajoute la contribution de l'écoulement secondaire (voir §1.2.3) produit par la forte inhomogénéité de la distribution de force de *Coulomb* [46]. En utilisant l'ensemble de tous les résultats obtenus sur la vitesse de migration, on peut cerner la valeur de la diffusivité turbulente en utilisant un critère logique.

Parce que dans la zone de mesure du filtre la charge d'espace ionique est nulle, en négligeant la charge d'espace des particules chargées, le champ électrique de collection a une distribution uniforme (voir § 3.2.2). Les particules chargées qui entrent dans cette deuxième zone vont donc garder leur charge électrique jusqu'au moment où elles seront collectées. La variation de la vitesse w_E avec l'intensité du champ électrique de collection doit être directement proportionnelle à E. La bonne linéarité des courbes $w_E = f(E)$ peut constituer un critère pertinent pour sélectionner la meilleure courbe dans chaque ensemble et, par conséquent, pour estimer la valeur de la diffusivité turbulente pour chaque série de mesures; on va l'appeler le critère de linéarité. Ainsi, en considérant ce critère, les figures 3.15, 3.16 et 3.17 montrent qu'une valeur plausible de la diffusivité turbulente est clairement supérieure à $2 \cdot 10^{-4}$ m²/s et inférieure à $5 \cdot 10^{-3}$ m²/s. Le critère de linéarité a été utilisé de manière systématique; pour chaque valeur de D_t, nous déterminons le coefficient de corrélation R^2 entre les valeurs de w_E issues des mesures et la meilleure droite proportionnelle au champ. $R^2 = 1$ correspond à un alignement parfait des points. La figure 3.18 présente la variation du coefficient R^2 en fonction de la diffusivité turbulente pour différentes conditions expérimentales. Dans tous les cas, le maximum des courbes (et donc de R^2) est très proche de l'unité, ce qui correspond à une excellente linéarité des points.

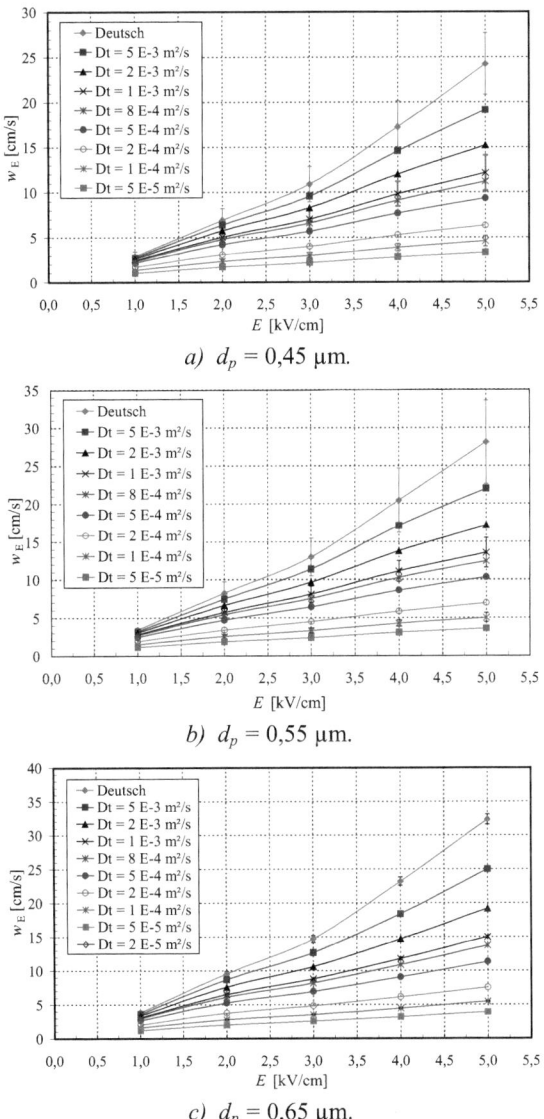

a) $d_p = 0{,}45$ μm.

b) $d_p = 0{,}55$ μm.

c) $d_p = 0{,}65$ μm.

Figure 3.15 - *Variations de la vitesse de migration des particules en fonction de l'intensité du champ électrique de collection pour $U_g = 1$ m/s, $V_{charge} = 18$ kV et plusieurs valeurs de D_t.*

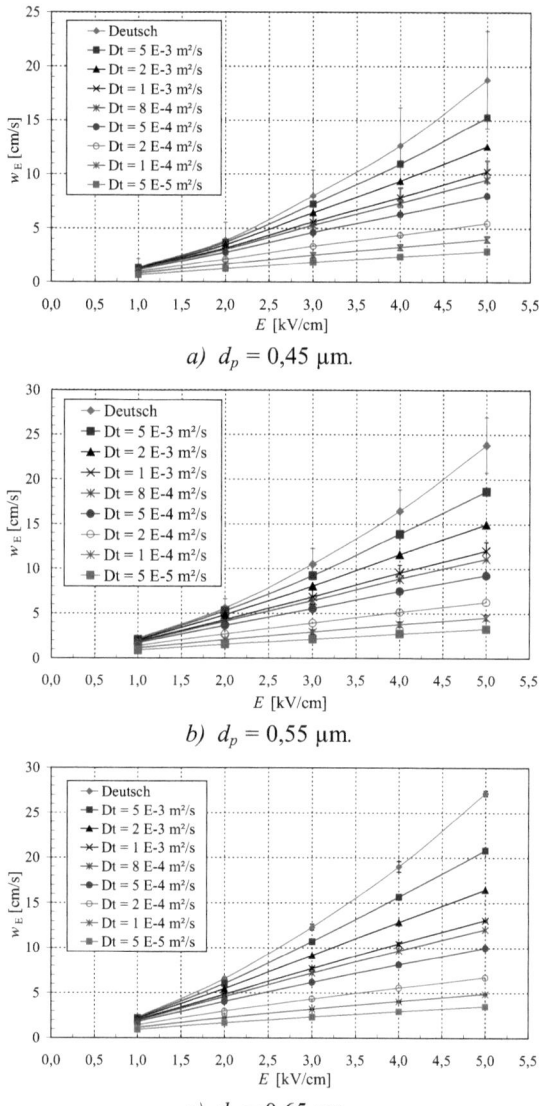

a) $d_p = 0{,}45$ μm.

b) $d_p = 0{,}55$ μm.

c) $d_p = 0{,}65$ μm.

Figure 3.16 - *Variations de la vitesse de migration des particules en fonction de l'intensité du champ électrique de collection pour $U_g = 1{,}5$ m/s, $V_{charge} = 18$ kV et plusieurs valeurs de D_t.*

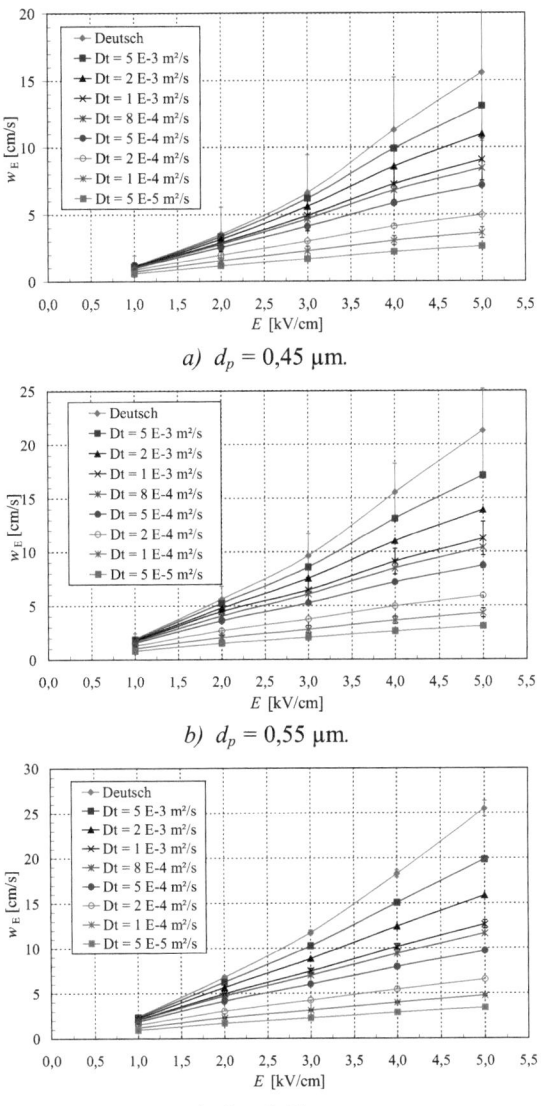

a) $d_p = 0{,}45$ μm.

b) $d_p = 0{,}55$ μm.

c) $d_p = 0{,}65$ μm.

Figure 3.17 - *Variations de la vitesse de migration des particules en fonction de l'intensité du champ électrique de collection pour $U_g = 2$ m/s, $V_{charge} = 18$ kV et plusieurs valeurs de D_t.*

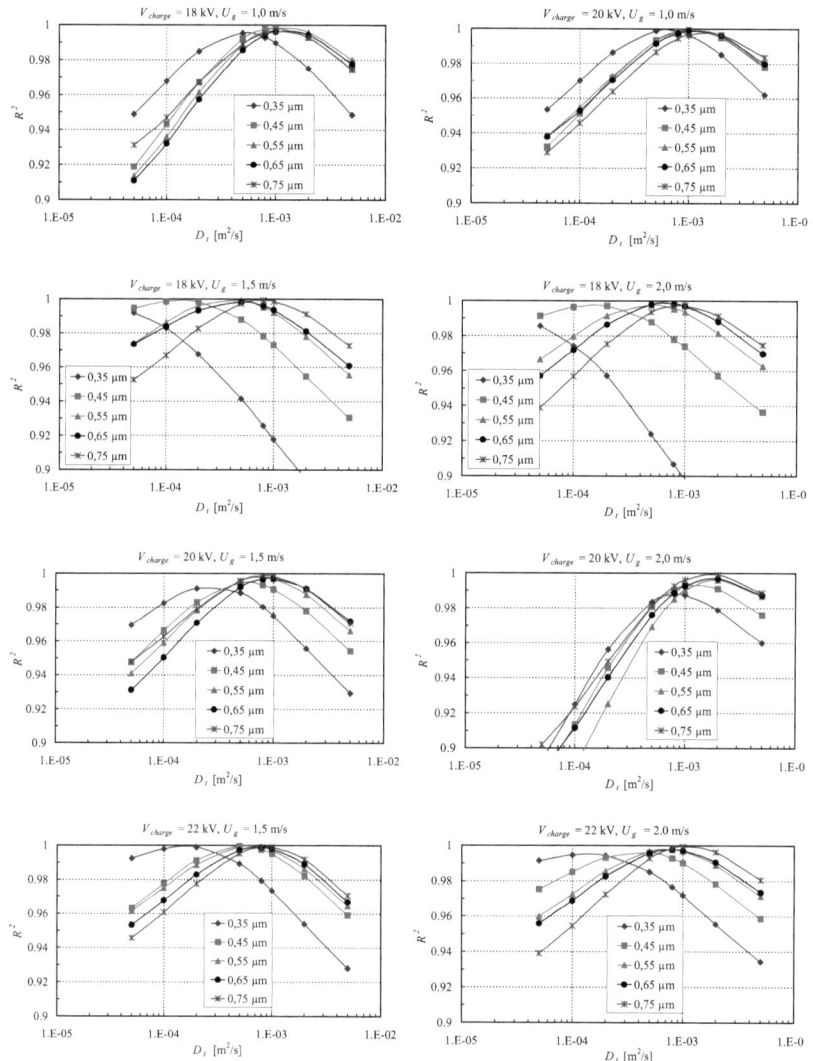

Figure 3.18 - *Variations du coefficient de corrélation R^2 en fonction de la diffusivité turbulente D_t pour plusieurs classes granulométriques et dans différentes conditions expérimentales (U_g et V_{charge}).*

En examinant la figure 3.18 on observe que la valeur de D_t correspondant au maximum de R^2 est, en première approximation, indépendante du diamètre des particules si on excepte les résultats de la classe $d_p = 0,35$ μm. Ceci indique une bonne cohérence de l'ensemble de notre démarche car toutes les particules, indépendamment de leur diamètre, subissent la même turbulence du gaz.

Notre information peut être affinée en examinant l'influence de la vitesse moyenne d'écoulement gazeux U_g et de la valeur du potentiel électrique V_{charge} appliqué dans la première zone de l'électrofiltre. Si on suppose que la turbulence est générée, pour l'essentiel, par l'écoulement forcé du gaz, on s'attend à trouver une diffusivité turbulente proportionnelle à U_g. La figure 3.18 montre que la valeur de D_t correspondant à $R^2 \to 1$, n'a pas de variation significative quand la vitesse moyenne de l'écoulement gazeux passe de 1 à 2 m/s. Cette observation suggère que la turbulence a son origine plutôt dans l'action de la force de Coulomb. Comme on va le montrer dans le chapitre 4, les vitesses caractéristiques de l'écoulement secondaire généré par les électrodes ionisantes en forme de tiges avec pointes ont une amplitude comparable à la vitesse moyenne de l'écoulement principal et devraient varier proportionnellement au champ moyen V_{charge}/d. Les résultats présentés dans la figure 3.18 ne permettent pas d'observer une influence significative de la valeur de V_{charge} sur la diffusivité turbulente. Pour conclure, dans nos conditions expérimentales, le critère de linéarité conduit à une valeur de la diffusivité turbulente qui se situe autour de 10^{-3} m²/s. On va retenir cette valeur de D_t pour la suite des nos calculs.

3.4.5. Discussion

En raison du rôle important qu'elle joue dans l'estimation de la vitesse de migration des particules, la diffusivité turbulente doit être discutée. Plusieurs auteurs ont déjà cherché à cerner la valeur de D_t dans les précipitateurs [91,90]. *Self et al.* [18] proposent la relation semi-empirique suivante pour estimer D_t:

$$D_t \sim 0,1 \cdot u' \cdot d, \qquad (3.11)$$

où u' représente la fluctuation typique de la vitesse du gaz et d est la demi-distance entre les plaques collectrices. Les auteurs obtiennent alors une valeur de la diffusivité turbulente comprise entre $6 \cdot 10^{-4}$ et $1,2 \cdot 10^{-3}$ m²/s. Cette estimation de D_t est basée sur la mesure des fluctuations typiques de la vitesse d'un gaz circulant entre deux plaques planes et parallèles. Les électrodes d'ionisation utilisées par *Self et al.* sont des fils alimentés par une tension continue de polarité positive [18]. Dans ce cas, les décharges couronne qui se produisent sur les fils sont très homogènes et stables dans le temps [46,88].

Dans notre cas, les mesures d'efficacité fractionnaire à partir desquelles nous estimons la vitesse w_E sont réalisées en appliquant aux électrodes ionisantes un potentiel négatif. D'après *Yamamoto et Velkoff* [43], les fluctuations de vitesse produites par une décharge couronne négative ont une amplitude deux à trois fois supérieure à celles générées par une décharge couronne positive. Cette différence est due au fait que, à la surface des fils, les décharges couronne ont, en polarité négative, un caractère beaucoup plus localisé qu'en polarité positive. Ceci conduit à une distribution beaucoup plus hétérogène de la force de *Coulomb* [92]. Des études assez récentes [92,46] montrent que cette distribution inhomogène de la force électrique contribue notablement à la génération de turbulence. En plus, la forme des électrodes (des tiges avec pointes) qu'on utilise dans la première zone du précipitateur, accentue l'inhomogénéité de la distribution de la force de Coulomb (voir aussi [87]). La périodicité des pointes injectrices dans les deux directions horizontale et verticale joue aussi un rôle très important dans la structure de l'écoulement gazeux. Des observations récentes montrent qu'il existe un écoulement secondaire d'une amplitude importante sous forme des rouleaux convectifs longitudinaux [46,93] (voir aussi le chapitre 4). *Lacroix* et *Atten* [94] ont montré que, en présence d'une injection de forte intensité, l'ordre de grandeur de la valeur typique u' des fluctuations de vitesse est donné par la relation suivante:

$$u' \sim \sqrt{\frac{\varepsilon_o}{\rho_g}} \cdot <E_c>, \qquad (3.12)$$

où ε_o est la permittivité du vide, ρ_g représente la masse volumique de l'air (égale à 1.29 Kg/m^3 à $T = 293$ K) et $<E_c>$ représente la valeur moyenne du champ électrique. En se plaçant dans la première zone du filtre, on a:

$$<E_c> = \frac{V_{charge}}{d} \qquad (3.13)$$

et la relation de *Self et al.* devient:

$$D_t \sim 0,1 \cdot \sqrt{\frac{\varepsilon_o}{\rho_g}} \cdot <E_c> \cdot d = 0,1 \cdot \sqrt{\frac{\varepsilon_o}{\rho_g}} \cdot V_{charge} \qquad (3.14)$$

Dans notre cas, la relation (3.14) conduit à un ordre de grandeur de la diffusivité turbulente $D_t \sim 4 - 5 \cdot 10^{-3}$ m²/s. Cette valeur caractérise l'intensité de la turbulence dans la zone de charge du filtre. Comme nous le verrons au chapitre 4, cette estimation constitue vraisemblablement une borne supérieure car il existe un écoulement secondaire bien identifié à l'échelle d dont l'effet ne se ramène probablement pas à une diffusion simple. Par ailleurs, dans la zone de mesure, l'injection de charge est nulle et donc, il n'existe pas de charge d'espace ionique capable de générer des fluctuations de vitesse. Dans ces conditions, la turbulence de l'écoulement de l'air doit décroître dans la deuxième zone du filtre sous l'effet de la dissipation. En conclusion, une valeur de 10^{-3} m²/s pour la diffusivité turbulente paraît plausible dans nos conditions expérimentales.

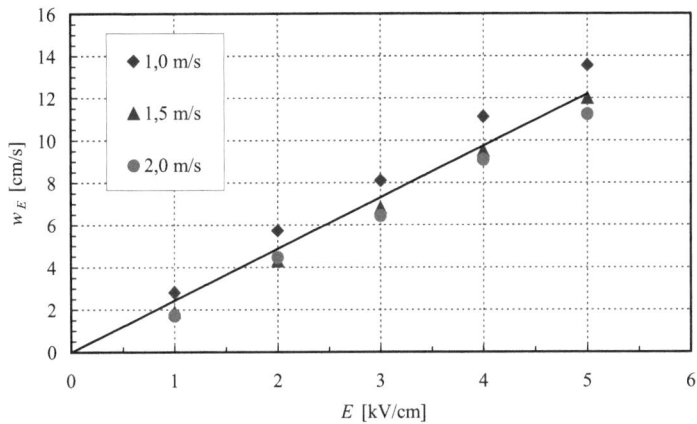

Figure 3.19 - *Vitesse de migration en fonction du champ électrique de collection pour les trois valeurs de la vitesse moyenne du gaz (d_p = 0,55 µm, D_t = 10^{-3} m²/s et V_{charge} = 18 kV).*

3.4.6. Estimation de la mobilité et de la charge moyenne des particules

En utilisant la valeur de la diffusivité turbulente estimée par l'intermédiaire du critère de linéarité ($D_t \sim 10^{-3}$ m²/s), il est possible de déterminer les valeurs de la vitesse de migration pour différentes classes granulométriques des particules. Par exemple, la figure 3.19 montre la variation de w_E en fonction de l'intensité du champ électrique de collection pour d_p = 0,55 µm. On remarque la très bonne linéarité des points et la dispersion assez limitée des valeurs obtenues pour les trois vitesses moyennes de l'air. Des résultats similaires ont été obtenus pour les autres valeurs de d_p. La pente de la droite qui passe par l'origine des axes et qui est définie par les valeurs de w_E (figure 3.19) donne la mobilité moyenne K_p des particules considérées (on suppose implicitement que les particules d'une taille donnée ont toutes la même charge électrique q_p). Cette mobilité nous permet d'accéder à la charge moyenne des particules. En effet l'expression de K_p déduite de celle de la vitesse théorique de migration (1.12) (voir chapitre 1, § 1.3.2) est:

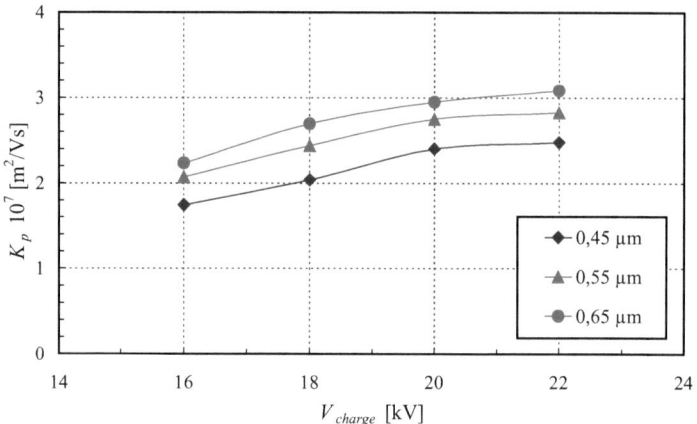

Figure 3.20 - *Variations de la mobilité moyenne en fonction du potentiel électrique de charge pour trois diamètres moyens des particules.*

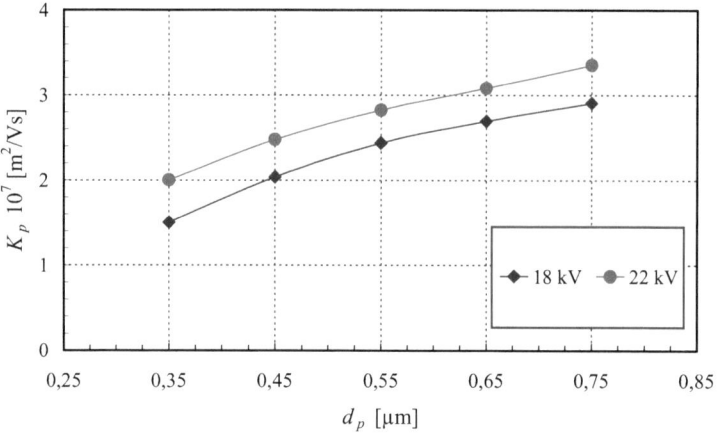

Figure 3.21 - *Variations de la mobilité moyenne en fonction du diamètre des particules pour deux valeurs différentes du potentiel électrique de charge.*

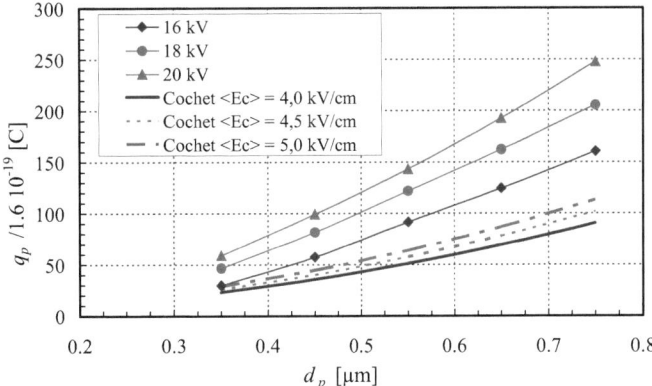

Figure 3.22 - *Variations de la charge moyenne des particules en fonction leur diamètre pour trois valeurs du potentiel électrique de charge V_{charge}.*

$$K_p(d_p) = \frac{q_p(d_p) \cdot Cu(d_p)}{3 \cdot \pi \cdot \eta_g \cdot d_p} \tag{3.15}$$

Les variations de la mobilité moyenne en fonction de la taille des particules ainsi que de la valeur du potentiel électrique de charge sont représentées dans les figures 3.20 et 3.21. En utilisant (3.15) nous pouvons évaluer la charge moyenne des particules en fonction de leur diamètre pour différentes valeurs de V_{charge} (figure 3.22). Pour comparaison, nous avons tracé les variations de q_p prédites par l'expression (1.14) de *Cochet* (voir le chapitre 1, § 1.3.2).

Comme on s'y attendait, la figure 3.22 montre que la charge des particules augmente plus que linéairement avec le diamètre d_p. On observe que les valeurs de la charge moyenne obtenues à partir des estimations de la vitesse de migration sont jusqu'à deux fois plus grandes que celles données par la relation de *Cochet*. Si on admet que les valeurs déterminées par (1.14) sont exactes, cela signifie que les estimations de w_E sont environ deux fois trop importantes. Les diverses approximations faites au cours de la dérivation des valeurs de w_E peuvent, en se cumulant, expliquer cette différence. Avant de conclure, il apparaît nécessaire de raffiner les prédictions théoriques car nous avons appliqué la relation (1.14) en prenant pour le champ électrique de charge E_c la valeur moyenne V_{charge}/d sans tenir compte de sa distribution spatiale (forte divergence). En réalité, l'intensité du champ électrique, beaucoup plus forte au voisinage des pointes, ainsi que la charge d'espace ionique très dense dans ces régions, peuvent modifier significativement la charge acquise par les particules au cours de leur trajet dans le précipitateur. Nous reviendrons sur ce sujet dans le chapitre 5.

3.5. Conclusions

Dans ce chapitre nous avons présenté l'estimation de la vitesse de migration des particules submicroniques à partir des mesures d'efficacité fractionnaire réalisées sur le filtre électrostatique pilote. En supposant que la théorie de *Leonard* et *al.* caractérise complètement le processus de filtration électrostatique dans la zone de mesure de notre filtre, la vitesse de migration w_E a été détermine pour plusieurs conditions expérimentales. On a observé que la vitesse de migration dépend fortement de l'intensité du champ électrique de collection E. Cependant, une bonne estimation de w_E a nécessité la détermination d'un ordre de grandeur de la diffusivité turbulente D_t. En utilisant l'ensemble des résultats obtenus sur l'estimation de la vitesse de migration, un critère logique a permis de montrer que, dans nos conditions expérimentales, la diffusivité turbulente est d'environ 10^{-3} m²/s. Avec cette valeur de D_t la mobilité moyenne et ensuite la charge moyenne des particules ont été calculées. On observe qu'il existe des différences importantes entre les valeurs de la charge moyenne des particules calculées à partir de w_E et les résultats obtenus en utilisant la relation de *Cochet*. Ceci peut constituer un critère d'appréciation sur les valeurs de w_E obtenues. Néanmoins, l'expression (1.14) donne la charge limite des particules (considérant le champ électrique moyen dans la première zone de filtre), valeurs qui peuvent être très différentes de celles réelles. Une discussion plus approfondie concernant l'estimation de w_E nécessite donc un calcul plus rigoureux de la charge moyenne q_p. Une telle évaluation de q_p sera réalisée dans le chapitre 5 à l'aide de deux modèles numériques.

Chapitre 4
Aérodynamique des précipitateurs électrostatiques

Ce chapitre est dédié à l'étude de l'écoulement gazeux dans le précipitateur électrostatique pilote. En raison de ce qui a été discuté dans le chapitre 3, des moyens expérimentaux et numériques seront utilisés pour essayer de caractériser les valeurs typiques de la vitesse de l'écoulement secondaire et les principaux paramètres qui l'influencent.

4.1. Introduction

Comme nous l'avons présenté dans le chapitre 1, au sein d'un précipitateur électrostatique, l'écoulement du gaz est le résultat de l'interaction entre le flux principal, donné par la différence de pression entre l'entrée et la sortie du filtre et un écoulement secondaire attribué principalement aux phénomènes liés à la présence de la décharge couronne (voir aussi § 3.4.4.1). Dans le chapitre 3 a été remarquée l'importance de la connaissance de la structure de l'écoulement gazeux pour la compréhension du processus de migration et captation des particules. C'est pour cela que, dans en premier temps, on va analyser le phénomène du vent ionique et la structure d'écoulement secondaire á l'intérieur du filtre pilote.

4.1.1. Le phénomène de vent ionique

Les études expérimentales sur la caractérisation de l'écoulement dans les filtres électrostatiques sont très délicates à cause de la présence du champ électrique qui rend impossible l'utilisation de sondes à fil chaud. Dans la plupart des travaux, l'étude de l'écoulement gazeux est menée à partir de l'observation des trajectoires des particules utilisées comme traceurs. Dans cette situation on suppose que le mouvement du fluide est similaire à celui des particules solides. Les techniques d'étude basées sur l'ensemencement du gaz avec des particules (visualisation, anémométrie laser, vélocimétrie par image de particules) vont donner la vitesse des particules: il faudrait corriger les mesures en retranchant la vitesse de migration $K_p \vec{E}$ (qui dépend de la taille des particules) pour obtenir la vitesse du gaz.

Plusieurs études [90,96,92,97] ont montré que le phénomène qui est à la base de la création de l'écoulement secondaire à l'intérieur des précipitateurs électrostatiques est ce que l'on appelle vent ionique (voir aussi § 1.2.3). Il est connu que l'action d'un champ électrique sur une charge d'espace ionique met un gaz en mouvement. A l'intérieur d'un filtre électrostatique il existe une charge d'espace très importante constituée par les ions produits par la décharge couronne et les particules chargées. Il existe donc une densité de la force de *Coulomb* f_e [92]:

$$\vec{f}_e = (\rho + \rho_p) \cdot \vec{E}, \qquad (4.1)$$

où ρ et ρ_p représentent les densités de charge des ions et des particules chargées respectivement. Si on se réfère exclusivement au mouvement des ions, par chocs avec les molécules neutres la majeure partie de leur énergie cinétique supplémentaire est transférée au gaz. Il en résulte donc un mouvement du gaz orienté des électrodes ionisantes vers les plaques collectrices; c'est le phénomène du vent ionique. Dans les filtres électrostatiques, l'écoulement secondaire dépend de la répartition spatiale du champ électrique et de la charge d'espace ionique. Si on considère le cas idéal d'une décharge couronne uniforme et constante dans le temps, qui se produit dans un système d'électrodes coaxiales fil – cylindre, le courant d'ions produit une différence de pression entre le fil et la surface interne du cylindre et, par suite d'une instabilité électro-aérodynamique [96], une agitation turbulente de l'air. Dans les précipitateurs électrostatiques la densité de charge d'espace et la distribution du champ électrique ne sont pas uniformes. Dans ce cas, le flux d'ions est à l'origine de la recirculation du gaz à grande échelle et d'un certain degré de turbulence. En conclusion, plus la décharge couronne est instable et les répartitions spatiales du champ et de charge ionique sont inhomogènes, plus l'écoulement secondaire sera important.

4.1.2. La structure de l'écoulement secondaire

La caractérisation de l'écoulement du gaz dans les filtres électrostatiques a été l'objet de nombreuses études expérimentales [92,90]. La conclusion générale des tous ces travaux est que la forme et l'emplacement des électrodes ionisantes dans les électrofiltres favorisent la création de structures plus ou moins ordonnées et périodiques dans l'écoulement gazeux.

Dans un précipitateur du type fils–plaques, en l'absence d'écoulement forcé, *Yamamoto et al.* [43] ont observé la formation de quatre rouleaux verticaux situés symétriquement par rapport à chaque fil. Les auteurs se sont placés dans un cas atypique pour les précipitateurs industriels car, ils ont travaillé en polarité positive, ce qui assure une décharge couronne stable et uniforme tout au long des électrodes émettrices. En visualisant l'écoulement du gaz dans un plan normal à la direction de l'écoulement principal, *Larsen et al.* [46] ont remarqué l'existence de rouleaux horizontaux associés à l'utilisation d'électrodes sous forme de tiges avec pointes; les rouleaux sont alors disposés régulièrement de part et d'autre de chaque pointe. En déplaçant le plan de visualisation, ils ont montré que la structure des rouleaux se conserve dans la direction de l'écoulement gazeux. *Self* et *al.* [98] ont observé le même type de mouvement au voisinage des électrodes ionisantes. Ils ont identifié des tourbillons qui se développent de part et d'autre de chaque pointe injectrice. Dans un précipitateur qui contient des fils ionisants disposés horizontalement, *Parker et al.* [99] ont observé des trajectoires de particules sous forme d'hélices qui se forment de chaque coté des fils.

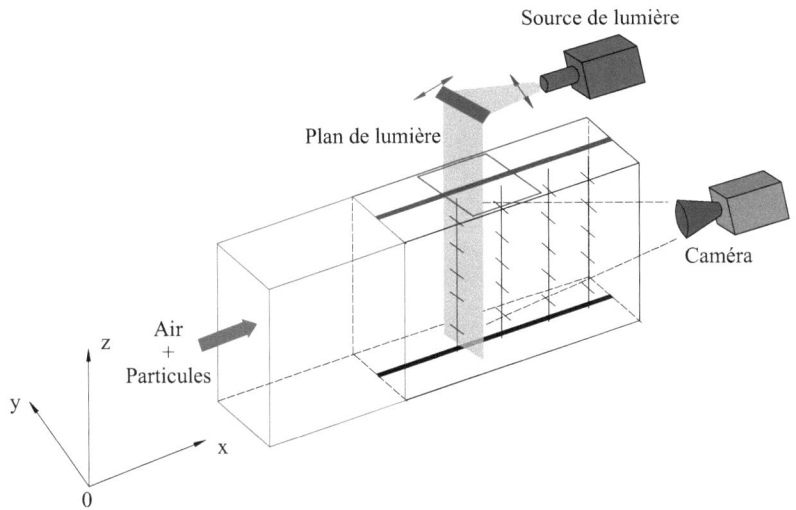

Figure 4.1 - *Montage pour la visualisation globale des projections des trajectoires des particules dans un plan perpendiculaire à la direction d'écoulement principal du gaz (Oyz).*

En partant de ces études, nous avons réalisé quelques observations sur l'écoulement gazeux présent dans notre filtre. Ainsi, à l'aide d'une installation vidéo nous avons essayé d'observer les trajectoires des particules à l'intérieur du filtre afin d'estimer l'importance de l'écoulement secondaire.

4.2. Visualisation du mouvement des particules à l'intérieur du précipitateur

Les observations visuelles sur le mouvement des particules ont été réalisées dans notre installation expérimentale, dans un plan perpendiculaire à la direction de l'écoulement principal. Premièrement, une visualisation d'ensemble du mouvement des particules couvrant toute la section transversale du filtre a été mise au point (figure 4.1). Lors de cette expérience, les particules ont été injectées uniformément dans tout le volume du gaz (en utilisant la procédure décrite dans le chapitre 2, § 2.1.2). Le but principal de celle-ci a été d'identifier les éventuelles structures présentes dans l'écoulement du gaz. Ensuite, un deuxième type d'expérience a été faite: nous avons visualisé ce qui se passe au voisinage d'une pointe en injectant des particules non chargées par l'intermédiaire d'un tube isolant dont l'extrémité est proche du plan d'observation (figure 4.2). Ainsi, les déformations de la tache formée par les particules sortant du tube dans un plan lumineux ont été observées.

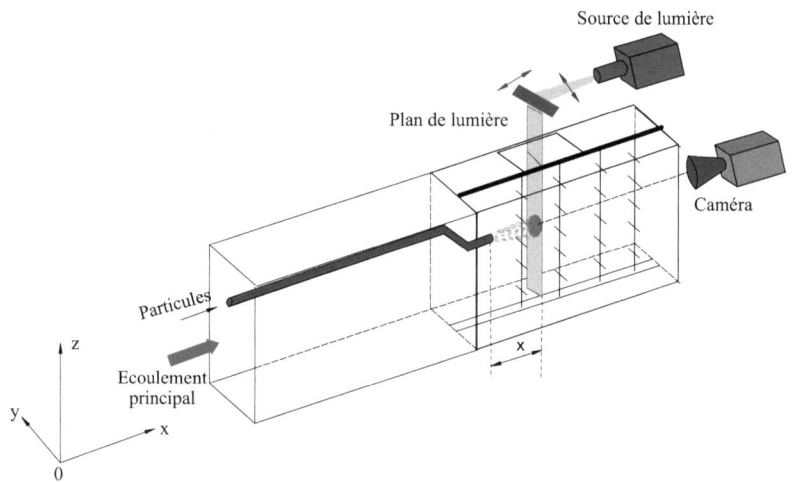

Figure 4.2 – *Montage pour la visualisation de la forme de tache produite par les particules dans un plan lumineux très mince au voisinage d'une pointe injectrice.*

4.2.1. Dispositifs de visualisation

Pour observer les trajectoires des particules, nous avons réalisé les deux montages de visualisation présentés dans les figures 4.1 et 4.2. Nous précisons que par rapport aux axes de cordonnées considérés dans la section 1.3, dans les chapitres 4 et 5 l'axe Ox est orienté dans la direction de l'écoulement principal tandis que Oy est normal aux plaques collectrices (voir les figures 4.1 et 4.2). Le plan de lumière utilisé lors de ces visualisations a une épaisseur d'environ 3 mm et, grâce à une table micrométrique, peut être déplacé dans la direction Ox. Afin d'observer l'évolution dans le temps du mouvement des particules nous utilisons une caméra vidéo qui nous permet d'enregistrer les images. A l'aide de ces enregistrements nous avons essayé de cerner l'ordre de grandeur des composantes de la vitesse des particules v (selon la direction Oy) et w (selon la direction Oz).

4.2.2. Observations sur la structure de l'écoulement gazeux

A l'aide du montage optique présenté dans la figure 4.1, des observations sur l'ensemble de l'écoulement gazeux ont permis de constater l'existence de structures plus ou moins ordonnées et périodiques en corrélation avec les positions des pointes injectrices. La figure 4.3 présente l'image de la structure de l'écoulement gazeux, à un instant donné, dans un plan transversal du filtre (perpendiculaire à la direction de l'écoulement principal). On observe que entre deux pointes consécutives, situées sur le même coté de la tige, il y a une zone plus lumineuse, donc plus riche en particules. En fait, l'enregistrement vidéo du mouvement apporte un supplément d'information et nous aide à comprendre l'image présentée dans la figure 4.3. Ainsi, en focalisant l'objectif de la caméra sur une de ces zones (figure 4.4), on observe l'existence de deux tourbillons, schématiquement représentés dans la figure 4.5. On remarque que les particules sont accélérées très fortement dans la région située très près de l'électrode injectrice et sont « expulsées » vers la plaque de collecte. A mi-distance entre les pointes, le flux de particules, plus irrégulier, est dirigé vers le cœur du précipitateur.

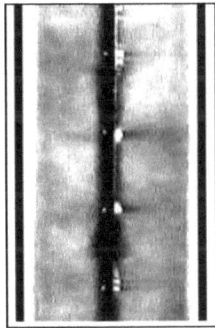
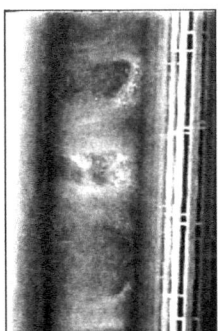

Figure 4.3 - *Structure de l'écoulement gazeux dans un plan Oyz (les électrodes ionisantes se trouvent dans la zone centrale à mi-distance des plaques collectrices).*

Figure 4.4 - *Image des tourbillons formés entre deux pointes voisines (à droite le plan des électrodes ionisantes et à gauche la plaque de collecte).*

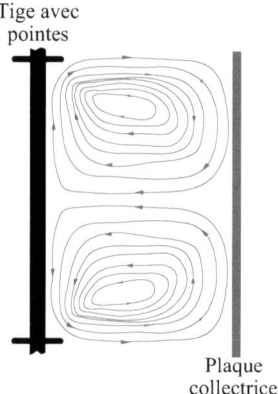

Figure 4.5 - *Représentation schématique des tourbillons.*

Le résultat important de ces observations est qu'il existe un mouvement très marqué du gaz sous forme de rouleaux convectifs. La vitesse dans ces cellules convectives semble être très importante, du même ordre de grandeur que la vitesse moyenne du flux principal et bien supérieure à la vitesse propre des particules $\vec{w}_E = K_p \vec{E}$. La valeur du potentiel électrique appliqué aux électrodes ionisantes a une influence importante sur l'intensité de ce mouvement. Ainsi, une augmentation du potentiel électrique a comme conséquence l'intensification du mouvement dans les cellules convectives. Ces observations montrent aussi que les mouvements du gaz à une échelle de d'ordre de d (la demi-distance entre les plaques collectrices) sont prédominants à l'intérieur du précipitateur. Nous avons remarqué qu'en déplaçant le plan lumineux selon l'axe Ox, l'aspect de la structure de l'écoulement gazeux reste quasiment le même. Ceci prouve l'existence de rouleaux longitudinaux d'axe parallèle à Ox. Les lignes de courant fluide dans ces rouleaux sont des hélices. Il résulte donc qu'à grande échelle, l'écoulement du gaz est en première approximation invariant par translation dans la direction Ox.

4.2.3. Visualisation locale des lignes du courant d'écoulement secondaire

En utilisant le montage présenté dans la figure 4.2, nous avons tenté d'examiner de plus près l'écoulement gazeux au voisinage d'une pointe. Dans cette expérience, les particules sont injectées avec la même vitesse moyenne que celle de l'écoulement principal, par l'intermédiaire d'un tube en verre ayant 7 mm de

diamètre. L'extrémité du tube dont la partie terminale est placée à mi-distance entre le centre du précipitateur et la plaque collectrice, se trouve tout près de la zone de visualisation. Le principe consiste à observer la forme de la tache créée par les particules traversant le plan lumineux très mince qui peut être déplacé dans la direction longitudinale du précipitateur. Une fois sorties du tube, les particules vont suivre les lignes de courant de l'écoulement gazeux formé en amont de cette zone (on admet que la vitesse de migration est faible). La forme et la position de la tache vont changer en fonction de l'importance de l'écoulement secondaire. La cohérence et la clarté des résultats obtenus sont diminuées par la présence de certains phénomènes:
- le sillage du tube qui perturbe l'écoulement gazeux dans la zone de visualisation (pour limiter ce phénomène le tube a été réalisé en forme de « Z »);
- l'accumulation d'une charge électrique superficielle à la surface extérieure du tube en verre, ce qui influence les répartitions spatiales du champ électrique et de la charge d'espace ionique;
- la charge des particules sortant du tube: malgré la distance assez réduite jusqu'au plan de visualisation, les particules peuvent acquérir une certaine charge électrique qui, en présence du champ électrique influence leur trajectoire.

Les figures 4.6 et 4.7 présentent l'évolution de la forme de la tache des particules en fonction de la valeur du potentiel électrique appliqué aux électrodes ionisantes. Dans les deux cas, la visualisation est réalisée dans un plan transversal (Oyz) qui contient les pointes injectrices. On observe que, en absence de décharge couronne, la forme de la tache est circulaire et l'augmentation de son diamètre, très réduite par rapport à la section du tube, est causée par la diffusion turbulente. Si on considère que la tache est parfaitement circulaire, elle peut être caractérisée par un rayon R, évalué par l'expression suivante [15]:

$$R \cong r_{tube} + \sqrt{D_t \cdot \frac{x}{\overline{U}_g}}, \qquad (4.2)$$

où r_{tube} est le rayon du tube, D_t le coefficient de diffusion turbulente, x la distance entre la sortie du tube et le plan lumineux et $\overline{U}_g$ représente la vitesse moyenne d'écoulement du gaz. Pour le cas correspondant aux figures 4.6 et 4.7, en absence de la décharge couronne (0 kV), un coefficient de diffusion turbulente $D_t \sim 10^{-4}$ m^2/s a été estimé [18]. Alors, l'élargissement de la tache ne dépasse pas 1 à 2 mm, valeur qui est en excellente concordance avec les observations visuelles.

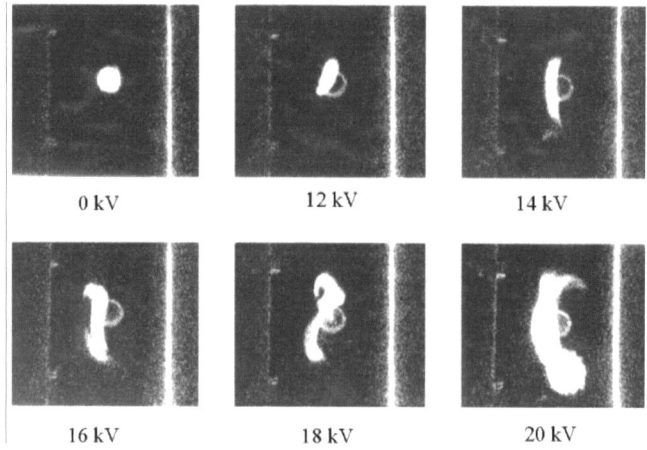

Figure 4.6 - *Forme et position de la tache de particules dans un plan Oyz pour plusieurs valeurs du potentiel électrique appliqué aux électrodes ionisantes. Verticalement, le tube est placé à mi-hauteur entre deux pointes consécutives sur la même tige ($U_g = 1$ m/s, distance $x = 4$ cm)*

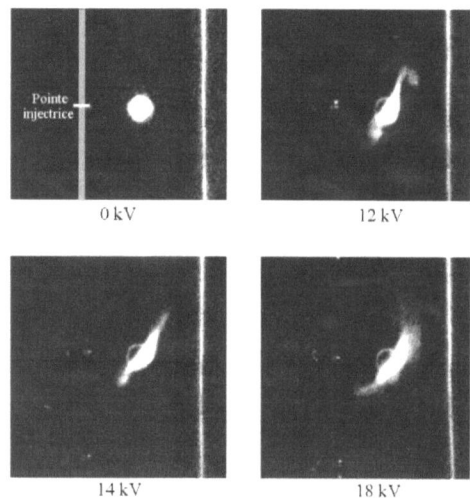

Figure 4.7 - *Forme et position de la tache de particules dans un plan Oyz pour différentes valeurs du potentiel électrique appliqué aux électrodes ionisantes. Verticalement, le tube est placé en face de la pointe ($U_g = 1$ m/s, distance $x = 4$ cm).*

Un potentiel électrique supérieur à V_{seuil} appliqué aux pointes conduit à la modification très nette de la forme de tache. Cette modification, très stable dans le temps, dépend à la fois de la valeur du potentiel et de la position verticale du tube. Ainsi, quand le tube est placé entre deux pointes (figure 4.6) on observe que les particules sont « poussées » vers le plan des électrodes ionisantes. Ce phénomène peut être attribué à la composante de la vitesse de l'air dirigée de la plaque collectrice vers le cœur du filtre(voir la figure 4.6). Si la sortie du tube se trouve au même niveau que la pointe injectrice (figure 4.7), on observe que les particules sont entraînées, cette fois-ci, vers la plaque collectrice. Ces résultats viennent confirmer les visualisations globales de la structure d'écoulement présentées dans le paragraphe antérieur. A partir de ces observations visuelles, un ordre de grandeur de la vitesse de l'écoulement secondaire peut être obtenu. Prenons le cas illustré dans la figure 4.7; en mesurant l'élongation de la tache des particules et en connaissant l'intervalle de temps passé entre la sortie du tube et le moment où les particules franchissent le plan lumineux, nous pouvons déduire une valeur moyenne de la composante de vitesse dans le plan Oyz. Si par exemple, on considère la partie haute de la tache de particules obtenue pour un potentiel de 12 kV, (partie qui a une longueur d'environ 1 cm) on obtient une vitesse moyenne de l'écoulement secondaire supérieure à 0,25 m/s. En terme de diffusivité turbulente (en utilisant toujours la relation semi-quantitative (4.2)), ceci conduit à une valeur de l'ordre de 10^{-3} m²/s pour D_t.

En conclusion, même si les résultats présentés ici sont affectés par les phénomènes rappelés plus haut, ils ont permis de montrer que l'intensité du mouvement secondaire est très importante dans notre précipitateur pilote. Les vitesses caractéristiques de l'écoulement secondaire sont clairement supérieures à quelques centimètres par seconde et peuvent atteindre le même ordre de grandeur que la vitesse moyenne du flux principal.

4.3. Modélisation de l'écoulement gazeux

Cette section est réservée à la modélisation de l'écoulement gazeux dans le précipitateur. En partant des observations présentées précédemment, nous tentons de modéliser l'écoulement gazeux au niveau d'une cellule convective. L'objectif principal est d'obtenir un ordre de grandeur de la vitesse d'écoulement secondaire afin de le comparer avec les résultats expérimentaux. Comme nous l'avons remarqué auparavant, il existe une forte interdépendance entre les conditions électriques présentes dans le précipitateur et la structure de l'écoulement du gaz. Il en résulte que

la modélisation de l'écoulement gazeux nécessite la résolution simultanée de deux problèmes:
- le problème électrique concernant la distribution du champ électrique et de la charge d'espace ionique;
- le problème mécanique qui consiste à déterminer le champ de vitesse du gaz.

4.3.1. Formulation du problème

La visualisation globale de la structure de l'écoulement du gaz nous a permis de constater que les cellules convectives, générées de part et d'autre de chaque série horizontale de pointes sont en première approximation invariantes selon l'axe Ox. Il en résulte que, à l'exception de la zone de l'entrée du filtre, la caractérisation des rouleaux longitudinaux dans un plan perpendiculaire au flux principal est représentative pour toute la longueur du précipitateur. Dans cette situation, la caractérisation du mouvement du gaz se ramène à un problème bi-dimensionnel (*2-D*). Cependant, la forme et la disposition spatiale des électrodes ionisantes conduit, du point du vue électrique, à un problème tri-dimensionnel (*3-D*). Pour cette raison nous avons quelque peu idéalisé la géométrie du précipitateur, en considérant que les électrodes ionisantes sont des lames horizontales ayant la même épaisseur que le diamètre des pointes (figure 4.8). Considérant que la décharge couronne est uniforme tout au long des lames, les distributions du champ électrique et de la charge d'espace ionique seront indépendantes de l'abscisse x du plan transversal considéré. Dans ce cas, le problème que nous cherchons à résoudre se simplifie et se ramène, pour l'essentiel, à un problème plan.

Les hypothèses principales retenues dans notre modèle sont les suivantes:
- la concentration des particules à l'intérieur du précipitateur est faible et nous supposons que la charge d'espace des particules chargées n'affecte pas les répartitions spatiales du champ électrique et de la charge d'espace ionique;
- le fluide est considéré comme incompressible, hypothèse qui est justifiée par le fait que la vitesse moyenne du gaz ne dépasse pas quelques mètres par seconde:

$$\operatorname{div} \vec{U}_g = 0, \qquad (4.3)$$

où $\vec{U}_g$ représente la vitesse du gaz.
- on suppose que, une fois développé, le mouvement du gaz est invariant dans le temps; nous sommes donc intéressés par la solution permanente:

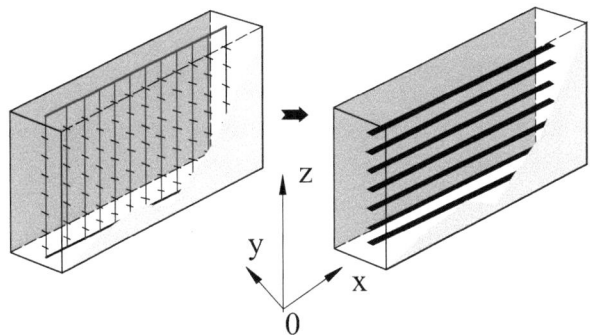

Figure 4.8 - *Passage du précipitateur réel (avec les électrodes ionisantes sous forme de tiges avec pointes) au précipitateur idéalisé pour la modélisation de l'écoulement gazeux.*

$$\frac{\partial}{\partial t} = 0 \qquad (4.4)$$

- Le problème a une symétrie plane, donc pour toutes variables (sauf la pression p):

$$\frac{\partial}{\partial x} = 0 \qquad (4.5)$$

La figure 4.9 présente le domaine de calcul qui correspond à la section droite d'une cellule convective. L'écoulement de l'air à l'intérieur d'une telle cellule est le résultat du flux principal, généré par la différence de pression entre l'entrée et la sortie du filtre, et l'écoulement secondaire généré par la force électrique. Lorsque le potentiel électrique appliqué aux électrodes ionisantes est nul on considère seulement la composante de l'écoulement gazeux turbulent selon la direction Ox (l'écoulement secondaire est inexistant). Si on applique un potentiel électrique, l'écoulement secondaire devient très important et l'on peut négliger les fluctuations de vitesse à petite échelle. Le champ de vitesse du gaz peut alors s'écrire (voir aussi [93,100]):

$$\vec{U}_g = \begin{pmatrix} u(y,z) \\ v(y,z) \\ w(y,z) \end{pmatrix} \qquad (4.6)$$

Les composantes (u, v, w) sont supposées ne dépendre que de y et z; elles caractérisent le mouvement permanent du gaz avec l'écoulement secondaire à l'échelle d (u, v et w sont indépendantes de x et t). La turbulence à petite échelle de l'écoulement n'est pas prise en compte directement dans notre calcul.

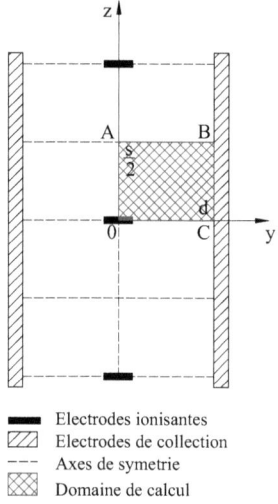

Figure 4.9 - *Représentation du domaine de calcul.*

En partant de la distribution du champ électrique et de la charge d'espace ionique dans notre domaine de calcul, nous cherchons les composantes $v(y, z)$ et $w(y, z)$ de la vitesse de l'écoulement secondaire.

4.3.2. Problème électrique. Equations de base

Le problème physique qu'on se propose d'étudier est celui du champ électrique affecté par une charge d'espace ionique dans le domaine de calcul représenté dans la figure 4.9. Cette charge d'espace provient d'une injection uniforme d'ions identiques qui se produit au niveau de la lame. Nous ignorons la zone de décharge couronne et tous les phénomènes liés à la création des ions. D'une manière générale, dans la théorie macroscopique de l'électromagnétisme, le champ électromagnétique est caractérisé par quatre grandeurs de base: le champ électrique $\vec{E}$, le champ magnétique $\vec{H}$, l'induction électrique $\vec{D}$ et l'induction magnétique $\vec{B}$ [63]. Ces grandeurs sont des fonctions vectorielles dépendant du temps et de la position du point considéré. Dans les milieux immobiles, le champ électromagnétique est caractérisé par le système des équations du *Maxwell* [101]:

$$\left| \begin{array}{l} rot\vec{H} = \vec{j} + \dfrac{\partial \vec{D}}{\partial t} \\ rot\vec{E} = -\dfrac{\partial \vec{B}}{\partial t} \\ div\vec{B} = 0 \\ div\vec{D} = \rho, \end{array} \right.$$ (4.7)

où ρ représente la densité de la charge d'espace dans le domaine de calcul considéré et $\vec{j}$ est la densité du courant.

a) Le système d'équations

Lorsqu'on se place dans le cas d'un milieu très peu conducteur, où les densités de courant électrique sont faibles et où l'échelle de temps est grande, le champ et magnétiques sont très faibles et on peut faire une excellente approximation en considérant $\vec{H} = 0$ et $\vec{B} = 0$ [102]. Dans notre domaine de calcul (figure 4.9) l'air est un milieu isotrope et homogène caractérisé par une permittivité très proche de ε_0; en régime stationnaire, le champ électrique est régi par la charge d'espace ionique (nous négligeons la charge d'espace des particules chargées). Les équations de *Maxwell* peuvent alors s'écrire:

$$\left| \begin{array}{l} \Delta \Phi = -\dfrac{\rho}{\varepsilon_0} \\ \dfrac{\partial \rho}{\partial t} + div\vec{j} = 0 \\ \vec{E} = -grad\Phi \\ \vec{j} = \rho(K_i \cdot \vec{E} + \vec{U}_g) - D_i \cdot grad\rho, \end{array} \right.$$ (4.8)

où Φ est le potentiel électrique et K_i et D_i représentent respectivement la mobilité le coefficient de diffusion des ions. Dans la dernière équation du système (4.8) qui est l'équation constitutive pour la densité de courant dans le gaz supposé parfaitement isolant, le terme de diffusion peut être négligé. En effet, selon la relation de *Nerst-Einstein* [11], le coefficient de diffusion rapporté à la mobilité ionique s'écrit:

$$\frac{D_i}{K_i} \cong \frac{k \cdot \Theta}{e},$$ (4.9)

où $k = 1{,}38 \cdot 10^{-23}$ J/K est la constante de Boltzmann, $\Theta = 300$ K est la température ambiante et $e = 1{,}6 \cdot 10^{-19}$ C représente la charge électrique élémentaire. Dans ces conditions, le rapport $k\Theta/e$ vaut 0,025 V et *Schilling & Schachter* [103] ont montré que la diffusion peut être négligée si $k\Theta/e$ est très petit devant la tension appliquée.

Pour les valeurs de l'intensité du champ électrique habituellement rencontrées dans les précipitateurs électrostatiques, la mobilité des ions négatifs dans l'air est $K_i \cong 2{,}2 \cdot 10^{-4}$ m²/V·s. Comme les valeurs de la vitesse du gaz sont inférieures à 2 m/s, dans l'expression de la densité du courant $|K_i \cdot \vec{E}| \gg |\vec{U}_g|$ et donc, on peut négliger l'influence du mouvement du gaz. Avec cette approximation, le problème électrique est découplé du problème mécanique et le système d'équations électriques qu'on doit résoudre dans notre domaine de calcul est, en régime permanent:

$$\begin{cases} \Delta \Phi = -\dfrac{\rho}{\varepsilon_0} \\ \vec{E} = -\operatorname{grad} \Phi \\ \operatorname{div}(\rho \cdot K_i \cdot \vec{E}) = 0. \end{cases} \quad (4.10)$$

b) Conditions aux limites

Pour le potentiel électrique (première et deuxième équations du système (4.10)), il existe deux types de conditions:
- sur les axes de symétrie (les frontières *OA*, *OC* et *AB* – voir la figure 4.9) on a des conditions du type *Neumann*:

$$\frac{\partial \Phi}{\partial z} = 0, \quad \text{sur } OC \text{ et } AB \quad \text{et} \quad \frac{\partial \Phi}{\partial y} = 0, \quad \text{sur } OA. \quad (4.11)$$

- sur l'électrode injectrice et sur la plaque, les conditions aux limites sont du type *Dirichlet*:

$$\Phi = \Phi_0, \quad \text{sur l'injecteur} \quad \text{et} \quad \Phi = 0, \quad \text{sur la plaque.} \quad (4.12)$$

où Φ_0 représente le potentiel électrique appliqué aux lames injectrices.

Pour l'équation de la conservation de la charge (troisième équation du système (4.10)), qui est du premier ordre, une condition doit être imposée. *Atten* [35] a montré que si on impose une densité de charge à la surface de l'injecteur le problème mathématique est alors bien posé:

$$\rho = \rho_0, \quad \text{sur l'injecteur.} \quad (4.13)$$

La valeur de la densité de charge à l'injecteur (ρ_0) sera choisie en relation avec les résultats expérimentaux, de telle sorte que la densité de courant calculée sur la plaque collectrice soit la même que celle mesurée. D'après *Atten* [35] le système d'équations (4.10) avec les conditions aux limites (4.11) – (4.13) a une solution et cette solution est unique.

4.3.3. Problème mécanique. Equations de base

Pour décrire l'écoulement du gaz on utilise les équations de *Navier-Stokes* pour la conservation de la quantité de mouvement et de la masse. La seule force volumique à prendre en compte est la force électrique; par ailleurs, nous cherchons à déterminer la solution permanente et on va négliger tout terme provenant des composantes fluctuantes de la vitesse.

a) Equation de conservation de la quantité de mouvement

On suppose que le gaz est incompressible, homogène et isotrope et que sa température reste constante dans le temps; la conservation de la quantité de mouvement peut alors s'écrire [15]:

$$\rho_g \frac{d\vec{U}_g}{dt} = -grad\, p + \eta_g \cdot \Delta \vec{U}_g + \rho \cdot \vec{E}, \qquad (4.14)$$

où p représente la pression. L'équation (4.14) conduit à un système de trois équations selon les trois axes qui s'écrivent, compte tenu de l'invariance selon Ox:

$$\begin{cases} \rho_g \cdot \left[\dfrac{\partial u}{\partial t} + v \cdot \dfrac{\partial u}{\partial y} + w \cdot \dfrac{\partial u}{\partial z} \right] = -\dfrac{\partial p}{\partial x} + \eta_g \cdot \Delta u \\ \rho_g \cdot \left[\dfrac{\partial v}{\partial t} + v \cdot \dfrac{\partial v}{\partial y} + w \cdot \dfrac{\partial v}{\partial z} \right] = -\dfrac{\partial p}{\partial y} + \eta_g \cdot \Delta v + \rho \cdot E_y \\ \rho_g \cdot \left[\dfrac{\partial w}{\partial t} + v \cdot \dfrac{\partial w}{\partial y} + w \cdot \dfrac{\partial w}{\partial z} \right] = -\dfrac{\partial p}{\partial z} + \eta_g \cdot \Delta v + \rho \cdot E_z \end{cases} \qquad (4.15)$$

où E_y et E_z représentent les composantes du champ électrique selon les directions Oy et Oz et η_g représente la viscosité dynamique de l'air. En examinant le système (4.15), nous remarquons que les deux dernières équations sont découplées de la première car la composante u de la vitesse n'intervient pas. Dans notre domaine de calcul, l'écoulement secondaire est donc caractérisé par les deux dernières équations du système (4.15).

b) Equation de conservation de la masse

L'équation de conservation de la masse s'écrit [15]:

$$\frac{\partial \rho_g}{\partial t} + div\left(\rho_g\, \vec{U}_g\right) = 0 \qquad (4.16)$$

En considérant les mêmes hypothèses que pour la conservation de la quantité de mouvement, la relation (4.16) se ramène à (4.3). Comme nous recherchons une solution invariante par rapport à x, l'équation (4.9) devient:

$$\frac{\partial v}{\partial y} + \frac{\partial w}{\partial z} = 0 \qquad (4.17)$$

et, donc, on arrive à un système d'équations qui dépendent seulement des coordonnées y et z.

c) Equation de la vorticité

D'une manière générale [15,43], pour un problème plan d'écoulement fluide on peut introduire une fonction Ψ, appelée fonction de courant, qui est définie par les relations suivantes:

$$\begin{cases} \dfrac{\partial \Psi}{\partial z} = v \\ \dfrac{\partial \Psi}{\partial y} = -w \end{cases} \qquad (4.18)$$

Cette définition fait que la conservation de la masse est automatiquement satisfaite. La fonction de courant est reliée à la vorticité Ω (ici la seule composante non nulle du vecteur $\vec{\Omega} = \mathrm{rot}\,\vec{U}_g$ est celle selon l'axe Ox de valeur Ω):

$$\Omega = \frac{\partial w}{\partial y} - \frac{\partial v}{\partial z} = -\frac{\partial^2 \Psi}{\partial y^2} - \frac{\partial^2 \Psi}{\partial z^2}. \qquad (4.19)$$

En utilisant la notation $\Delta_\perp = \dfrac{\partial^2}{\partial y^2} + \dfrac{\partial^2}{\partial z^2}$ (qui représente en fait le laplacien dans le plan Oyz), les deux dernières équations du système (4.15) peuvent alors s'écrire:

$$\begin{cases} \rho_g \cdot \dfrac{\partial^2 \Psi}{\partial t \partial z} + \rho_g \cdot \left[\dfrac{\partial \Psi}{\partial z} \dfrac{\partial^2 \Psi}{\partial y \partial z} - \dfrac{\partial \Psi}{\partial y} \dfrac{\partial^2 \Psi}{\partial z^2} \right] = \\ \qquad\qquad -\dfrac{\partial p}{\partial y} + \eta_g \cdot \Delta_\perp \left(\dfrac{\partial \Psi}{\partial z} \right) + \rho \cdot E_y \\ \rho_g \cdot \dfrac{\partial^2 \Psi}{\partial t \partial y} + \rho_g \cdot \left[\dfrac{\partial \Psi}{\partial y} \dfrac{\partial^2 \Psi}{\partial y \partial z} - \dfrac{\partial \Psi}{\partial z} \dfrac{\partial^2 \Psi}{\partial y^2} \right] = \\ \qquad\qquad -\dfrac{\partial p}{\partial y} + \eta_g \cdot \Delta_\perp \left(\dfrac{\partial \Psi}{\partial y} \right) + \rho \cdot E_z, \end{cases} \qquad (4.20)$$

En éliminant la pression p entre ces deux équations on obtient l'équation de la vorticité:

$$\rho_g \cdot \Delta_\perp \left(\frac{\partial \Psi}{\partial t}\right) + \rho_g \cdot \left[\frac{\partial \Psi}{\partial z} \cdot \Delta_\perp\left(\frac{\partial \Psi}{\partial y}\right) - \frac{\partial \Psi}{\partial y} \cdot \Delta_\perp\left(\frac{\partial \Psi}{\partial z}\right)\right] = \\ \eta_g \cdot \Delta_\perp \Psi + \frac{\partial}{\partial z}(\rho \cdot E_y) - \frac{\partial}{\partial y}(\rho \cdot E_z)$$
(4.21)

L'équation de la conservation de la quantité de mouvement et celle de la conservation de la masse s'écrivent alors:

$$\begin{cases} \rho_g \cdot \frac{\partial \Omega}{\partial t} + \rho_g \cdot \left[\frac{\partial \Psi}{\partial z}\frac{\partial \Omega}{\partial y} - \frac{\partial \Psi}{\partial y}\frac{\partial \Omega}{\partial z}\right] = \\ \qquad\qquad\qquad \eta_g \cdot \Delta_\perp \Omega + E_z \cdot \frac{\partial \rho}{\partial y} - E_y \cdot \frac{\partial \rho}{\partial z} \\ \Delta_\perp \Psi = -\Omega \end{cases}$$
(4.22)

d) Conditions aux limites

Les conditions aux limites associées aux équations du système (4.22) sont les suivantes:

- Sur l'axe $z = 0$ (segment *OC*), la symétrie entraîne $w = 0 = -\frac{\partial \Psi}{\partial y} \Rightarrow \Psi = C^{te}$. et v présente un extremum

$\Rightarrow \frac{\partial v}{\partial z} = \frac{\partial^2 \Psi}{\partial z^2} = 0 \Rightarrow \Omega = 0$.

- Sur l'axe $y = 0$ (segment *OA*), la symétrie entraîne $v = 0 = -\frac{\partial \Psi}{\partial z} \Rightarrow \Psi = C^{te}$. et w présente un extremum

$\Rightarrow \frac{\partial w}{\partial y} = \frac{\partial^2 \Psi}{\partial y^2} = 0 \Rightarrow \Omega = 0$.

- Sur l'axe $z = s/2$ (segment *AB*), la symétrie entraîne $w = 0 = -\frac{\partial \Psi}{\partial y} \Rightarrow \Psi = C^{te}$. et v présente un extremum

$\Rightarrow \frac{\partial v}{\partial z} = \frac{\partial^2 \Psi}{\partial z^2} = 0 \Rightarrow \Omega = 0$.

On observe que sur ces trois axes de symétrie, les dérivées normales de la fonction de courant Ψ sont nulles. Ces trois conditions vont donc définir la valeur de la fonction de courant à une constante près et pour simplicité nous prendrons $\Psi = 0$ sur les frontières *OA*, *OC* et *AB*.

- Sur l'axe $y = d$ (segment *BC*),   la présence de la plaque collectrice entraîne $u=v=w=0$:

$$\left. \begin{array}{l} v = 0 = -\dfrac{\partial \Psi}{\partial z} \\ w = 0 = \dfrac{\partial \Psi}{\partial y} \end{array} \right| \Rightarrow \Psi = C^{te} \quad \text{et nous prendrons} \quad \Psi = 0.$$

- La condition pour la vorticité n'est pas aussi simple que sur les axes de symétrie. Pour établir la valeur de la vorticité à la surface de la plaque de collecte, sur la frontière *BC* nous faisons appel à la relation de définition (4.19). Sur l'axe $y = d$ la valeur de la fonction de courant est zéro; il en résulte donc que sur la paroi $\dfrac{\partial^2 \Psi}{\partial z^2} = 0$. La vorticité à la paroi est donc: $\Omega_{y=d} = -\dfrac{\partial^2 \Psi}{\partial y^2}$. Cette relation permet de relier $\Omega_{y=d}$ aux valeurs de la fonction de courant au voisinage de la paroi. En utilisant le développement en série de *Taylor* de la fonction de courant en fonction de *y*, on peut écrire:

$$\Psi(d - \Delta y, z) = \Psi(d, z) - \Delta y \cdot \frac{\partial \Psi}{\partial y}(d, z) + \frac{\Delta y^2}{2} \cdot \frac{\partial^2 \Psi}{\partial y^2}(d, z) + \ldots ,$$

où Δy représente le pas de développement en série. La condition $w = \dfrac{\partial \Psi}{\partial y} = 0$ conduit à l'expression suivante pour la vorticité:

$$\Omega(d, z) \cong -\frac{2 \cdot \Psi \cdot (d - \Delta y, z)}{\Delta y^2} \tag{4.23}$$

Cette relation sera utilisée directement lors de la discrétisation du problème.

4.3.4. Adimensionalisation des équations

Après l'obtention du système d'équations électriques, nous avons remarqué que les deux problèmes qu'on se propose de résoudre sont découplés l'un de l'autre. Ceci permet donc une résolution séparée pour le problème électrique puis pour le problème mécanique. Avant d'examiner les méthodes de résolution, pour faciliter nos calculs nous mettons les équations de base sous une forme adimensionnelle. Ainsi, pour chaque variable qui intervient dans les équations on choisit une grandeur de référence comme suit (les grandeurs adimensionnelles sont notées avec une astérisque *).

a) Variables d'espace

- $y^* = \dfrac{y}{d}$ et $z^* = \dfrac{z}{d}$, où d est la demi-distance entre les plaques de collecte.

b) Grandeurs électriques

- Potentiel électrique: $\Phi^* = \dfrac{\Phi}{\Phi_0}$, où le potentiel de référence est celui appliqué aux lames injectrices Φ_0.

- Densité de charge ionique: la valeur de référence pour la densité de charge d'espace ionique est obtenue à partir de l'équation de *Poisson* (système 4.10); d'où: $\rho^* = \dfrac{\rho \cdot d^2}{\varepsilon_0 \cdot \Phi_0}$.

- Densité de courant électrique: la valeur de référence est obtenue à partir de la troisième équation du système (4.10); d'où: $j^* = \dfrac{j}{K_i \cdot \varepsilon_0 \cdot \dfrac{\Phi_0^{\,2}}{d^3}}$.

c) Grandeurs mécaniques

En ce qui concerne les grandeurs mécaniques, il est nécessaire de définir une vitesse de référence. D'une manière générale, en hydrodynamique on prend comme vitesse de référence $v_{ref} = \dfrac{\gamma_g}{d}$ (où $\gamma_g = \dfrac{\eta_g}{\rho_g}$ représente la viscosité cinématique du fluide). Par contre, en électrohydrodynamique, on considère souvent la vitesse propre des ions: $v_{ref} = K_i \cdot \dfrac{\Phi_0}{d}$ [16]. Dans notre cas, comme il y a découplage entre la migration des ions et le mouvement du gaz, il est plus judicieux de définir la vitesse de référence à partir de la mobilité électrohydrodynamique $\sqrt{\dfrac{\varepsilon_0}{\rho_g}}$ [16]. On prend donc: $v_{ref} = \sqrt{\dfrac{\varepsilon_0}{\rho_g}} \cdot \dfrac{\Phi_0}{d}$.

- Vitesse du gaz: $\vec{U}_g^{\,*} = \dfrac{\vec{U}_g}{v_{ref}}$.

- Temps: le temps adimensionnel est calculé à partir de la vitesse et de la distance de référence; d'où: $t^* = t \cdot \dfrac{v_{ref}}{d}$.

- Fonction de courant: la valeur de référence est déduite à partir de la relation (4.18) $\Psi^* = \dfrac{\Psi}{v_{ref} \cdot d}$.

- Vorticité: la valeur de référence est calculée en conformité avec (4.19): $\Omega^* = \Omega \cdot \dfrac{d}{v_{ref}}$.

En utilisant les grandeurs de référence détaillées ci-dessus le système d'équations électriques devient:

$$\begin{cases} \Delta^* \Phi^* = -\rho^* & (1) \\ \vec{E}^* = -grad^* \Phi^* & (2) \\ div^*\left(\rho^* \cdot \vec{E}^*\right) = 0 & (3) \end{cases} \quad (4.24)$$

Dans ce cas, les conditions aux limites s'écrivent:

- pour le potentiel: sur la lame injectrice $\Phi^* = 1$ et

sur la plaque collectrice $\Phi^* = 0$;

- pour la densité de charge d'espace ionique à l'injecteur: $\rho^* = C$, où la valeur initiale C sera choisie telle que la densité de courant calculée sur la plaque collectrice soit identique avec celle existant en pratique.

Le système d'équations mécaniques devient:

$$\begin{cases} \dfrac{\partial \Omega^*}{\partial t^*} + \dfrac{\partial \Psi^*}{\partial z^*} \cdot \dfrac{\partial \Omega^*}{\partial y^*} - \dfrac{\partial \Psi^*}{\partial y^*} \cdot \dfrac{\partial \Omega^*}{\partial z^*} = \\ \qquad\qquad \dfrac{M}{T} \cdot \Delta^* \Omega^* + \dfrac{\partial \Phi^*}{\partial y^*} \cdot \dfrac{\partial \rho^*}{\partial z^*} - \dfrac{\partial \Phi^*}{\partial z^*} \cdot \dfrac{\partial \rho^*}{\partial y^*} \quad (1) \\ \Delta^* \Psi^* = -\Omega^* \qquad\qquad\qquad\qquad\qquad\qquad\qquad\quad (2). \end{cases} \quad (4.25)$$

avec $v^* = \dfrac{\partial \Psi^*}{\partial z^*}$ et $w^* = -\dfrac{\partial \Psi^*}{\partial y^*}$.

Dans l'équation (1) du système (4.25) il apparaît deux nombres sans dimension: M et T. Le premier est le rapport entre la mobilité EHD et la mobilité K_i

des ions dans l'air: $M = \sqrt{\varepsilon_0/\rho_g}\Big/K_i$ et est proportionnel au rapport entre la vitesse typique du fluide et celle des ions (voir [16]). Le deuxième nombre $T = \varepsilon_0 \cdot \Phi_0 / K_i \cdot \eta_g$ est une mesure adimensionnelle de la tension appliquée. Ce nombre est proportionnel au rapport de la force de Coulomb et des forces de dissipation visqueuse. L'influence de la diffusivité turbulente sur le mouvement de l'air est indirectement prise en compte dans notre problème par le rapport T/M.

4.3.5. Résolution du problème

Dans ce paragraphe, on examine la détermination effective de solutions approchées pour les deux systèmes d'équations (électriques et mécaniques). Nous avons opté pour une méthode de calcul numérique qui offre une précision du calcul suffisante à l'échelle d de notre cellule convective; on utilise des méthodes de différences finies qui sont les plus simples à mettre en oeuvre. Nous devons donc déterminer les approximations discrètes des opérateurs qui interviennent dans les systèmes (4.24) et (4.25). Des discussions détaillées concernant l'existence d'une solution du problème aux différences finies, la convergence du processus itératif et la relation entre la solution discrète et la solution du système d'équations aux dérivées partielles peuvent être trouvées en [35,104,105].

Pour résoudre les deux systèmes d'équations (découplés l'un de l'autre) nous avons mis au point un code de calcul numérique en utilisant le logiciel *Mathematica* ®. Pour ceci le domaine de calcul a été discrétisé en utilisant un maillage régulier, représenté dans la figure 4.10. Puisque nous sommes intéressés par une solution à grande échelle (et non pas par les variations des principales grandeurs à une échelle beaucoup plus petite que *d*), pour simplifier le problème nous supposons que la lame injectrice a une forme parfaitement rectangulaire. Le pas du réseau de discrétisation est constant selon les deux axes et noté Δy pour la direction Oy et Δz pour la direction Oz. Comme on observe dans la figure 4.10, la discrétisation du domaine est cartésienne et chaque nœud du maillage est repéré par les indices *(j,k)*. Les valeurs des variables sont calculées aux nœuds du maillage. Par exemple, pour le problème électrique, à chaque nœud on détermine les valeurs du potentiel électrique et de la charge d'espace ionique.

4.3.5.1 Discrétisation des équations

Pour simplifier les notations, au cours de ce paragraphe nous omettons la notation * destinée au grandeurs adimensionnelles. Ainsi, la valeur d'une variable au nœud (j,k) sera notée par les indices correspondants (par exemple le potentiel électrique au nœud (j,k) est noté $\Phi_{j,k}$).

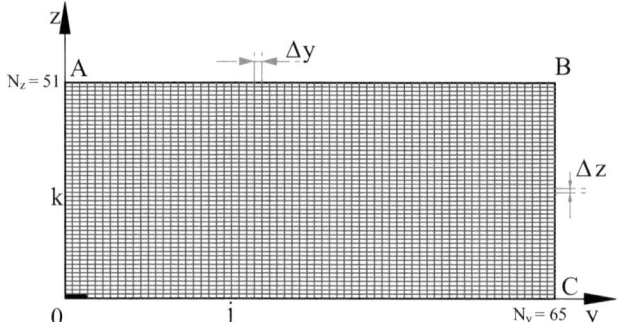

Figure 4.10 - *Représentation du domaine de calcul et du maillage régulier. Ici, le nombre total de nœuds est 3315 (ce qui correspond sur la direction 0y à $N_y = 65$ nœuds et sur la direction Oz à $N_z = 51$ nœuds).*

a) Equation de Poisson

Discrétiser l'équation de *Poisson* revient à trouver des relations pour la dérivée seconde du potentiel électrique. Pour ceci, nous considérons le développement en série de *Taylor* d'une fonction quelconque *f(x)*. La valeur de la fonction $f(x+\theta)$ peut alors s'écrire:

$$f(x+\theta) = f(x) + \theta \cdot f'(x) + \frac{\theta^2}{2!} \cdot f''(x) + \frac{\theta^3}{3!} \cdot f'''(x) + \ldots \quad (4.26)$$

Pour un maillage régulier et en considérant le potentiel électrique pour trois nœuds consécutifs de la même ligne *k*, l'expression (4.26) devient:

$$\Phi_{j+1} = \Phi_j + \Delta y \cdot \Phi'_j + \frac{\Delta y^2}{2!} \cdot \Phi''_j + \frac{\Delta y^3}{3!} \cdot \Phi'''_j + \frac{\Delta y^4}{4!} \cdot \Phi^{(4)}_j + \ldots$$

$$\Phi_j = \Phi_j \quad (4.27)$$

$$\Phi_{j-1} = \Phi_j - \Delta y \cdot \Phi'_j + \frac{\Delta y^2}{2!} \cdot \Phi''_j - \frac{\Delta y^3}{3!} \cdot \Phi'''_j + \frac{\Delta y^4}{4!} \cdot \Phi^{(4)}_j + \ldots$$

Pour obtenir une approximation de la valeur de la dérivée seconde du potentiel, on multiplie les trois équations respectivement par *a*, *b*, et *c* et on effectue la somme:

$$a \cdot \Phi_{j+1} + b \cdot \Phi_j + c \cdot \Phi_{j-1} = (a+b+c) \cdot \Phi_j + (a-c) \cdot \Phi'_j \cdot \Delta y +$$
$$(a+c) \cdot \Phi''_j \cdot \frac{\Delta y^2}{2} + (a-c) \cdot \Phi'''_j \cdot \frac{\Delta y^3}{6} + (a+c) \cdot \Phi^{(4)}_j \cdot \frac{\Delta y^4}{24}. \quad (4.28)$$

Pour obtenir une expression de Φ''_j on impose les conditions $a+b+c = 0$ et $a-c = 0$. Il en résulte la formule centrée suivante:

$$\Phi''_j = \frac{\Phi_{j+1} - 2\cdot\Phi_j + \Phi_{j-1}}{\Delta y^2} + ord(\Delta y^2). \qquad (4.29)$$

En utilisant la relation (4.29), la précision du calcul de la dérivée seconde est de l'ordre de Δy^2. La même méthode est utilisée pour l'approximation de la dérivée seconde du potentiel selon la direction Oz. En notant le rapport des deux pas $\Delta z/\Delta y = \beta$ on obtient la formule de discrétisation du laplacien:

$$(\Delta\Phi)_{j,k} = \frac{1}{\Delta z^2}\cdot\begin{bmatrix}\beta^2\cdot\Phi_{j+1,k} + \beta^2\cdot\Phi_{j-1,k} + \Phi_{j,k+1} + \Phi_{j,k-1} \\ -2\cdot(1+\beta^2)\cdot\Phi_{j,k}\end{bmatrix}. \qquad (4.30)$$

D'après *Roache* [106], trouver par itération la solution de l'équation de *Poisson* est analogue à la résolution d'un problème dépendant du temps pour lequel on cherche une solution asymptotique stationnaire. Nous utilisons la méthode de sur-relaxation successive pour approcher la solution de l'équation de *Poisson*. En écrivant la relation (4.30) pour deux rangs d'itération successives I et $I+1$ on trouve:

$$\Phi_{j,k}^{(I+1)} = \Phi_{j,k}^{(I)} + \frac{\omega}{2\cdot(1+\beta^2)}\cdot\begin{bmatrix}\Phi_{j+1,k}^{(I)} + \Phi_{j-1,k}^{(I)} + \beta^2\cdot\left(\Phi_{j,k+1}^{(I)} + \Phi_{j,k-1}^{(I)}\right) \\ -\Delta y^2\cdot\rho_{j,k} - 2\cdot(1+\beta^2)\cdot\Phi_{j,k}^{(I)}\end{bmatrix}, \qquad (4.31)$$

où ω représente le facteur de sur-relaxation dont une valeur optimale est fournie par *Roache* [106]:

$$\omega = 2\cdot\frac{1-\sqrt{1-\xi}}{\xi} \qquad \text{avec} \qquad \xi = \left(\frac{\cos\frac{\pi}{N_y - 1} + \beta^2\cdot\cos\frac{\pi}{N_z - 1}}{1+\beta^2}\right) \qquad (4.32)$$

Pour résoudre l'équation de *Poisson* (sous la forme discrète (4.31)), la connaissance de la densité de charge d'espace ionique $\rho_{j,k}$ dans chaque nœud est nécessaire. Ensuite, la discrétisation des conditions aux limites conduit à:
- $\Phi_{j,k} = 1$ à l'émetteur,
- $\Phi_{N_y,k} = 0$ à la plaque collectrice.

- Sur les autres frontières une condition de symétrie est imposée, soit $\dfrac{\partial \Phi_{j,k}}{\partial n_{j,k}} = 0$, $n_{j,k}$ étant la normale à l'axe considérée.

b) Discrétisation de l'équation $E = -\text{grad}\,\Phi$

Le calcul de l'intensité du champ électrique nécessite la discrétisation de l'opérateur *gradient* dans l'équation (2) du système (4.24). Ceci est équivalent à établir des relations de calcul pour la dérivée du premier ordre du potentiel électrique. En partant des relations (4.27), on arrive aux expressions suivantes (schéma centré donnant une erreur de l'ordre de Δy^2 ou Δz^2):

$$E_{y(j,k)} = \frac{\Phi_{j-1,k} - \Phi_{j+1,k}}{2 \cdot \Delta y} \qquad E_{z(j,k)} = \frac{\Phi_{j,k-1} - \Phi_{j,k+1}}{2 \cdot \Delta z}. \qquad (4.33)$$

Les mécanismes physiques mis en jeu impliquent de forts gradients, notamment près de l'émetteur. Pour avoir une précision homogène à la surface de la lame ionisante le calcul de l'intensité du champ électrique est réalisée à partir d'un schéma décentré donnant également une erreur de l'ordre de Δy^2 ou Δz^2.

c) Discrétisation de l'équation de conservation de la charge

En utilisant l'équation (2) du système (4.24), l'équation de conservation de la charge s'écrit aussi sous la forme:

$$\vec{E}.\text{grad}\,\frac{1}{\rho} = 1 \qquad (4.34)$$

Pour obtenir une approximation discrète stable de l'équation de conservation de la charge qui est ici du premier ordre, nous employons la méthode des caractéristiques [35,104,105]. En raison du fort gradient du potentiel électrique, les ions se déplacent le long des lignes du champ (dans le domaine de calcul, $E_y > 0$ et $E_z > 0$). En prenant la notation $\dfrac{1}{\rho} = m$, l'équation (4.34) devient:

$$E_y \cdot \frac{\partial m}{\partial y} + E_z \cdot \frac{\partial m}{\partial z} = 1 \qquad (4.35)$$

Les trajectoires des ions (les caractéristiques) sont décrites par les équations suivantes: $\dfrac{dy}{dt} = E_y$ et $\dfrac{dz}{dt} = E_z$. Dans le cas du maillage rectangulaire considéré dans notre domaine de calcul, pour chaque cellule il faut déterminer la droite tangente à la caractéristique. On détermine ensuite l'intersection la plus proche du point M de la caractéristique avec soit une ligne j, soit une colonne k. Lorsqu'on considère un nœud quelconque (j,k) du maillage, on suppose qu'à l'intérieur d'une cellule élémentaire le champ électrique est constant; les trajectoires des ions sont déterminées par: $y(t) = y_0 + E_y \cdot t$ et $z(t) = z_0 + E_z \cdot t$.

Le coté intercepté par la trajectoire des ions est celui pour lequel le temps nécessaire pour « reculer » d'un pas est minimum: $|t_y| = \dfrac{\Delta y}{E_y}$ et $|t_z| = \dfrac{\Delta z}{E_z}$.

Dans notre problème, pour une cellule quelconque du maillage, il existe deux situations illustrées dans la figure 4.11.

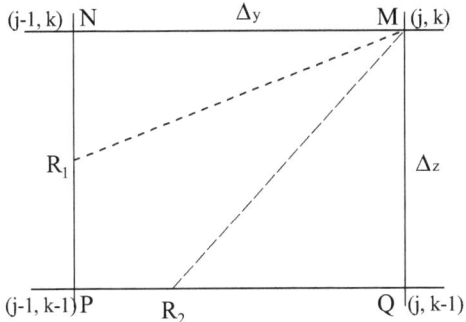

Figure 4.11 - *Les deux situations possibles de la caractéristique (segments en pointillé) au niveau d'une cellule quelconque du maillage.*

La densité de charge aux points R_1 et R_2 peut s'écrire alors comme suit:

- lorsque $\dfrac{E_z}{E_y} = \alpha < \beta$ il résulte $\quad \dfrac{1}{\rho_{j,k}} - \dfrac{1}{\rho_{R_1}} = \dfrac{\Delta y}{(E_y)_{j,k}},\quad$ (4.36)

où $\beta = \Delta z / \Delta y$;

- dans le cas contraire, $\quad \dfrac{1}{\rho_{j,k}} - \dfrac{1}{\rho_{R_2}} = \dfrac{\Delta z}{(E_z)_{j,k}}.\quad$ (4.37)

Par une interpolation linéaire à partir des valeurs de la densité de charge aux nœuds de la cellule, on obtient les relations suivantes pour le calcul de ρ_{R_1} et ρ_{R_2} :

$$\begin{cases} \dfrac{1}{\rho_{R_1}} = (1 - \alpha \cdot \beta) \cdot \dfrac{1}{\rho_{j-1,k}} + \alpha \cdot \beta \cdot \dfrac{1}{\rho_{j-1,k-1}} \\ \dfrac{1}{\rho_{R_2}} = (1 - \alpha \cdot \dfrac{1}{\beta}) \cdot \dfrac{1}{\rho_{j,k-1}} + \alpha \cdot \dfrac{1}{\beta} \cdot \dfrac{1}{\rho_{j-1,k-1}} \end{cases} \qquad (4.38)$$

Pour les conditions initiales, nous imposons une distribution de densité de charge C constante sur l'arête de la lame ionisante. Les approximations grossières concernant la forme de l'arête et le maillage au voisinage de l'arête (là où le champ et la densité de charge diminuent fortement) ont été partiellement compensées en imposant une distribution de la densité de charge sur la ligne verticale au-dessus de l'arête:

$$\rho_{l_p,k} = \dfrac{C}{\exp(50 \cdot k \cdot \Delta z)}, \qquad (4.39)$$

où l_p représente la longueur de la lame (imposée égale à celle de la pointe injectrice réelle). La densité de charge est alors évaluée pour $N_y \geq j > l_p$. Pour toutes les valeurs de j qui correspondent à une abscisse inférieure à la longueur de la pointe on considère que la face latérale de la lame n'injecte aucun ion et que la zone est vide de charge: en pratique pour éviter les divisions par zéro, on impose $\rho_{j,k} = 10^{-6}$. Du point de vue physique, cette distribution est qualitativement cohérente avec celle résultant de la décharge couronne dont la zone active bi-ionisée occupe un volume faible mais fini.

En ce qui concerne le problème mécanique, l'équation adimensionnelle (4.25) – (2) pour la fonction de courant se discrétise comme l'équation de *Poisson*. Les conditions sur le contour sont de type *Dirichlet*: $\Psi = 0$. Pour résoudre cette équation on utilise la méthode de sur-relaxation.

Les équations reliant les composantes de la vitesse du gaz à la fonction de courant, sont discrétisées à partir de la connaissance de $\psi_{j,k}$ à l'aide d'un schéma centré du second ordre soit:

$$v_{j,k} = \dfrac{\Psi_{j,k+1} - \Psi_{j,k-1}}{2 \cdot \Delta z} \qquad w_{j,k} = \dfrac{\Psi_{j-1,k} - \Psi_{j+1,k}}{2 \cdot \Delta y}. \qquad (4.40)$$

d) L'équation de la vorticité

L'équation (4.25)- (1) comporte des termes convectifs, un terme diffusif et un terme source égal au rotationnel de la force électrique:

$$\dfrac{\partial \Omega}{\partial t} = -v \dfrac{\partial \Omega}{\partial y} - w \dfrac{\partial \Omega}{\partial z} + \dfrac{M}{T} \cdot \Delta \Omega + \dfrac{\partial \Phi}{\partial y} \dfrac{\partial \rho}{\partial z} - \dfrac{\partial \Phi}{\partial z} \dfrac{\partial \rho}{\partial y}. \qquad (4.41)$$

Le terme dans le membre de gauche de cette équation est discrétisé en utilisant un schéma explicite:

$$\frac{\Omega_{j,k}^{I} - \Omega_{j,k}^{I-1}}{\Delta t}. \quad (4.42)$$

Pour exprimer les deux termes convectifs, plusieurs schémas numériques sont possibles. Pour des raisons de stabilité numérique et de précision, dans notre cas de maillage régulier simple nous avons choisi un schéma numérique décentré amont classique [106]. En fonction du signe des composantes de la vitesse du gaz, $v_{j,k}$ et $w_{j,k}$, on obtient alors quatre expressions:

$$\begin{cases} v>0, & V_{+} = \dfrac{v_{j,k}.\Omega_{j,k}^{I-1} - v_{j-1,k}.\Omega_{j-1,k}^{I-1}}{\Delta y} \\[2mm] v<0, & V_{-} = \dfrac{v_{j+1,k}.\Omega_{j+1,k}^{I-1} - v_{j,k}.\Omega_{j,k}^{I-1}}{\Delta y} \\[2mm] w>0, & W_{+} = \dfrac{w_{j,k}.\Omega_{j,k}^{I-1} - w_{j,k-1}.\Omega_{j,k-1}^{I-1}}{\Delta z} \\[2mm] w<0, & W_{-} = \dfrac{w_{j,k+1}.\Omega_{j,k+1}^{I-1} - w_{j,k}.\Omega_{j,k}^{I-1}}{\Delta z}. \end{cases} \quad (4.43)$$

Le laplacien est lui discrétisé par l'intermédiaire d'un schéma centré:

$$\frac{\left(\Omega_{j+1,k}^{I-1} + \Omega_{j-1,k}^{I-1} - 2\Omega_{j,k}^{I-1}\right)}{\Delta y^2} + \frac{\left(\Omega_{j,k+1}^{I-1} + \Omega_{j,k-1}^{I-1} - 2\Omega_{j,k}^{I-1}\right)}{\Delta z^2}. \quad (4.44)$$

On obtient alors pour l'équation discrétisée complète quatre équations suivant les valeurs des composantes de vitesse au point considéré. Nous en explicitons ici une, dans le cas de $v > 0$ et $w > 0$:

$$\Omega_{j,k}^{I} = \Delta t \cdot \left\{ \frac{\Omega_{j,k}^{I-1}}{\Delta t} - (V_+) - (W_+) \right.$$

$$\left. + \frac{M}{T} \left[\frac{\left(\Omega_{j+1,k}^{I-1} + \Omega_{j-1,k}^{I-1} - 2 \cdot \Omega_{j,k}^{I-1}\right)}{\Delta y^2} + \frac{\left(\Omega_{j,k+1}^{I-1} + \Omega_{j,k-1}^{I-1} - 2 \cdot \Omega_{j,k}^{I-1}\right)}{\Delta z^2} \right] + S_{j,k} \right\}. \quad (4.45)$$

Le terme $S_{j,k}$ représente le rotationnel de la force électrique. Il est calculé à partir du schéma centré suivant:

$$S_{j,k} = E_{y_{j,k}} \cdot \frac{\rho_{j+1,k} - \rho_{j-1,k}}{2 \cdot \Delta y} - E_{z_{j,k}} \cdot \frac{\rho_{j,k+1} - \rho_{j,k-1}}{2 \cdot \Delta y}. \quad (4.46)$$

L'équation du type (4.45) est appliquée sur tout l'intérieur du domaine de calcul. Compte tenu des symétries sur les frontières du domaine, on a les conditions $\Omega_{j,k} = 0$ à l'exception de l'électrode de collecte où on utilise l'expression déduite de (4.23) reliant la vorticité à la fonction de courant à l'abscisse N_y-1:

$$\Omega_{N_y,k} = -2 \frac{\Psi_{N_y-1,k}}{\Delta y^2}. \quad (4.47)$$

4.3.5.2. Détermination des grandeurs électriques

Le système (4.31), (4.33) et (4.36) à (4.38) déduit des équations de *Maxwell* comporte des relations dépendantes l'une de l'autre. Pour la résolution du problème nous avons discrétisé le domaine de calcul en considérant un nombre total de 3315 noeuds ce qui assure une bonne précision et qui ne conduit pas à des temps de calcul extrêmement longs. Le calcul débute par la résolution de l'équation de *Poisson* en utilisant la méthode de sur-relaxation et la distribution de densité de charge d'espace ρ est obtenue par la méthode des caractéristiques. La solution finale est alors déterminée par approximations successives: $\Phi^{(I)}$ et $\rho^{(I)}$ étant donnés, on résout l'équation de *Poisson* qui nous donne de nouvelles distributions du potentiel et du champ, $\Phi^{(I+1)}$ et $E^{(I+1)}$. En utilisant la méthode des caractéristiques, on obtient une distribution de charge $\rho'^{(I+1)}$. La nouvelle approximation $\rho^{(I+1)}$ est obtenue en interpolant entre $\rho^{(I)}$ et $\rho'^{(I+1)}$ [35]:

$$\rho^{(I+1)} = (1 - \omega) \cdot \rho^{(I)} + \omega \cdot \rho'^{(I+1)} \quad (4.48)$$

Le coefficient d'interpolation ω (ω ~ 0,6 à 1) doit être diminué lorsque l'intensité de l'injection (mesurée par C) augmente. Après 10 à 15 itérations, la solution du système discrétisé est obtenue avec une erreur relative inférieure à 10^{-8}.

Comme nous l'avons expliqué précédemment, la valeur de la densité de charge d'espace adimensionnelle C sur l'électrode ionisante est choisie de sorte que la densité moyenne du courant sur la plaque collectrice prenne une valeur adéquate. En pratique, pour un potentiel électrique de 20 kV appliqué aux électrodes ionisantes, la densité moyenne du courant sur la plaque collectrice se situe autour de 3,8 mA/m². Pour avoir la même valeur théorique de j, la densité de charge imposée à l'émetteur est $C = 2,5$. La figure 4.12 présente les valeurs de la densité moyenne du courant adimensionnel pour divers plan à y = constant.

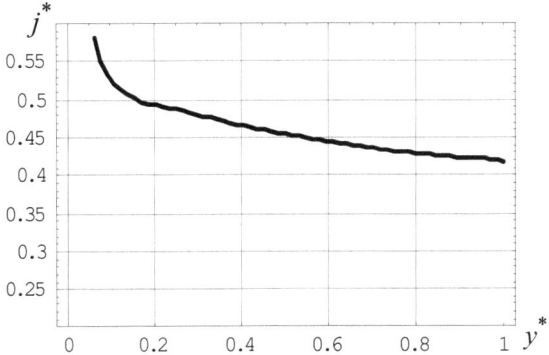

Figure 4.12 - *Variations de la densité moyenne du courant adimensionnel traversant un plan $y = y_0$ en fonction de y_0.*

En examinant la figure 4.12 nous observons une diminution de la densité moyenne de courant lorsque la position du plan de calcul s'approche de la plaque. Cette variation provient de la manière dont on résout le problème: on utilise un schéma numérique qui, en effet, conduit à une approximation de la solution du système (4.10). En pratique on résout numériquement non pas l'équation originale de la conservation de la charge mais une autre équation car la discrétisation revient à ajouter d'autres termes. Ainsi, pour la densité de charge d'espace ionique il existe une « diffusion numérique » et l'équation réellement résolue est:

$$\text{div}(\rho \cdot E) + \chi \cdot \Delta\rho + ... = 0, \tag{4.49}$$

où χ est un coefficient dépendant du schéma numérique et du maillage. Lorsque le pas de discrétisation diminue (le nombre de nœuds augmente) le coefficient χ

diminue aussi et donc la solution obtenue s'approche de celle réelle. Des études que nous avons réalisées ont montré que, en serrant le maillage près de l'électrode injectrice on obtient une meilleure conservation du courant mais, dans ce cas, les temps de calcul deviennent très longs.

La figure 4.13 présente la distribution du potentiel électrique (les lignes équipotentielles) dans notre domaine du calcul, tandis que la figure 4.14 présente la distribution de la charge d'espace ionique. La variation de l'intensité du champ électrique sur l'axe horizontal de symétrie qui passe par la lame est présentée dans la figure 4.15. Nous observons l'influence de la présence de la charge d'espace ionique qui détermine un renforcement du champ électrique près de la plaque collectrice (pour $\Phi_0 = 20\,kV$, l'intensité du champ électrique à la surface de la plaque est d'environ 4,75 kV/cm. La figure 4.16 présente la répartition du rotationnel de la force électrique – le terme source qui intervient dans les équations mécaniques.

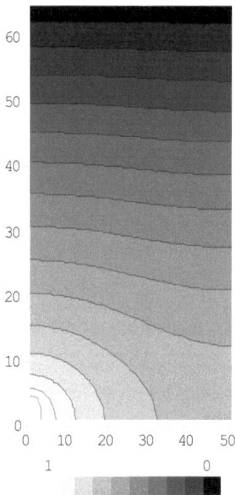 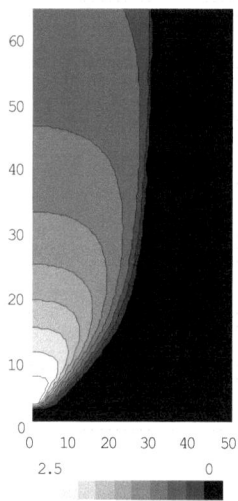

Figure 4.13 - *Distribution du potentiel électrique ($\Phi_0 = 20$ kV et C = 2,5). La lame injectrice est centrée sur l'origine des axes.*

Figure 4.14 - *Distribution de la charge d'espace ionique ($\Phi_0 = 20$ kV et C = 2,5). La lame injectrice est centrée sur l'origine des axes.*

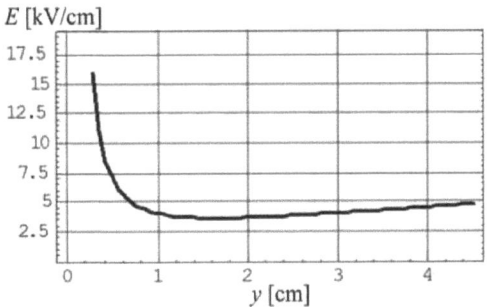

Figure 4.15 - *Variation de l'intensité du champ électrique sur l'axe de symétrie horizontal passant par l'électrode émettrice ($\Phi_0 = 20$ kV et $C = 2,5$).*

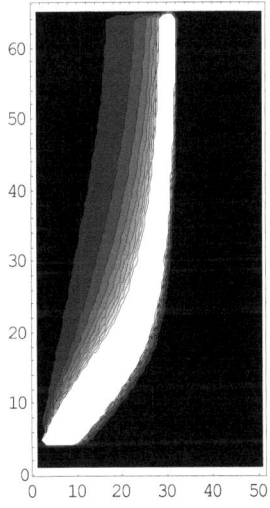

Figure 4.16 - *Représentation spatiale du rotationnel de la force électrique. L'électrode injectrice est centrée sur l'origine des axes ($\Phi_0 = 20$ kV et $C = 2,5$).*

4.3.5.3. Détermination des grandeurs mécaniques

Pour déterminer les composantes de la vitesse du gaz dans notre cellule convective on résoud les équations (4.25) jusqu'à obtenir une solution stationnaire. A chaque pas de temps on calcule la distribution de la vorticité en utilisant la relation

(4.45). Puis, en connaissant la nouvelle valeur de la vorticité à chaque nœud du maillage on recalcule les valeurs discrètes de la fonction du courant à partir de la deuxième équation du système (4.25). Ce schéma numérique pour la résolution du problème mécanique est stable lorsque le pas du temps est suffisamment petit.

Comme nous l'avons vu dans § 4.3.4, l'influence de la diffusivité turbulente (à l'échelle moléculaire) sur le mouvement de l'air intervient dans notre problème par l'intermédiaire du rapport T/M. Lorsqu'on prend en compte la viscosité moléculaire, l'estimation du paramètre T/M, dans le cas des expériences que nous avons détaillées dans le chapitre précédent, nous donne une valeur de ~ 3500 (pour $\Phi_0 = 20$ kV). Si on introduit le concept de viscosité turbulente $\eta_T \cong D_t$, en prenant les valeurs de la diffusivité turbulente obtenues dans le chapitre 3 pour la première zone du filtre $\sim 10^{-3}$ m²/s, le rapport $T/M \sim 75$.

Les résultats obtenus concernant le mouvement du gaz ont montré que l'état stationnaire est atteint pour des valeurs du temps adimensionnel inférieures à 10 (ceci dépend de la valeur du paramètre T/M). Dans les figures 4.17 et 4.19 nous présentons les lignes iso-vorticité et les lignes de courant de l'écoulement gazeux dans la cellule convective pour deux valeur du paramètre T/M.

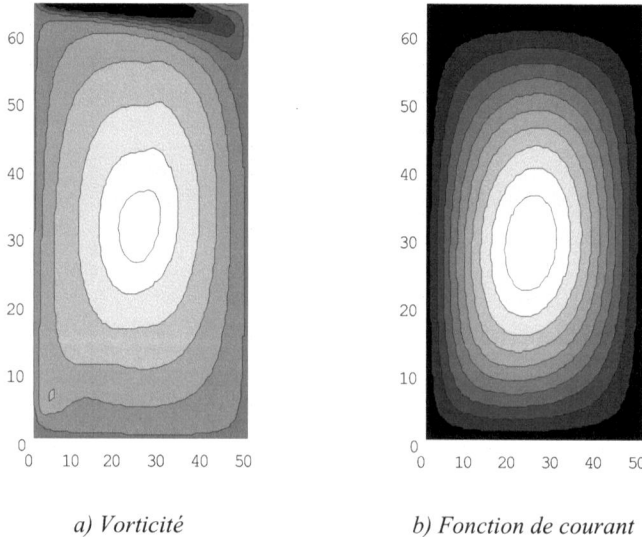

a) Vorticité   *b) Fonction de courant*

Figure 4.17 - *Représentation des lignes iso-vorticité et des lignes de courant de l'écoulement gazeux dans la cellule convective pour C = 2,5 et T/M = 100.*

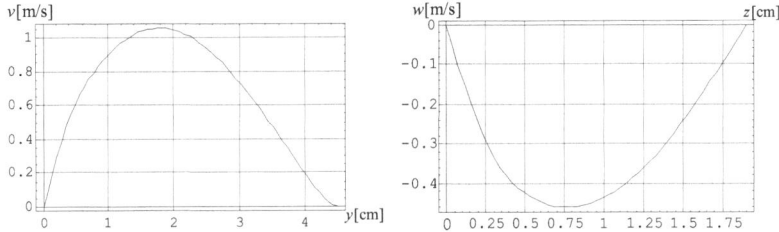

a) Vitesse du gaz selon la direction Oy   b) Vitesse du gaz selon la direction Oz

Figure 4.18 - *Les composantes de la vitesse du gaz selon les directions Oy et Oz pour $C = 2{,}5$, $\Phi_0 = 20$ kV et $T/M = 100$.*

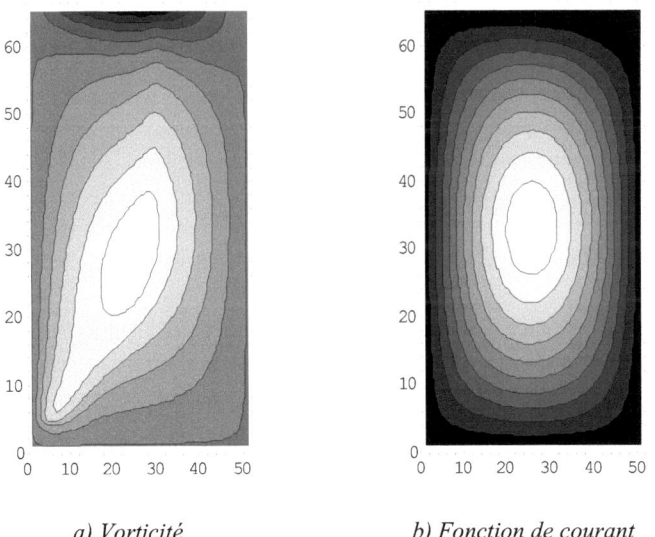

a) Vorticité   b) Fonction de courant

Figure 4.19 - *Représentation des lignes iso-vorticité et des lignes de courant de l'écoulement gazeux dans la cellule convective pour $C = 2{,}5$ et $T/M = 500$.*

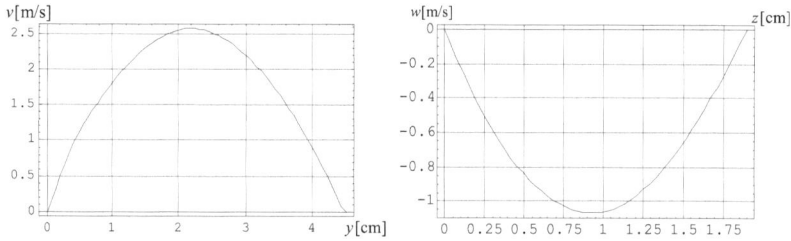

a) Vitesse du gaz selon la direction Oy.   b) Vitesse du gaz selon la direction Oz.

Figure 4.20 - *Les composantes de la vitesse du gaz selon les directions Oy et Oz pour C = 2,5, Φ_0 = 20 kV et T/M = 500.*

Les figures 4.18 et 4.20 présentent la dépendance des composantes v et w de la vitesse du gaz en fonction de la coordonnée respective sur l'axe de symétrie. On observe clairement que l'ordre de grandeur de ces vitesses est le même que celui de la vitesse moyenne de l'écoulement principal.

4.4. Conclusions

Dans ce chapitre nous avons étudié le mouvement du gaz induit par les phénomènes associés à la décharge couronne (écoulement secondaire du gaz). La visualisation de l'écoulement gazeux dans notre dispositif expérimental a permis de constater que de chaque côté des pointes injectrices se forment des tourbillons qui ont une échelle caractéristique de l'ordre de d (la demi-distance entre les plaques de collecte). Des enregistrements vidéo nous ont montré que les vitesses associées à ce mouvement gazeux induit par les forces électriques sont très importantes, du même ordre de grandeur que la vitesse moyenne de l'écoulement principal. Nous avons aussi constaté que ces structures convectives sont, en première approximation invariantes le long du précipitateur; il s'agit donc non seulement de tourbillons mais de rouleaux longitudinaux. Cette observation est très importante parce qu'elle montre que l'écoulement secondaire a un caractère bi-dimensionnel (*2D*) marqué.

Pour obtenir un ordre de grandeur des composantes v et w de la vitesse de l'écoulement, une modélisation *2D* a été réalisée. Les calculs ont montré qu'en fonction du paramètre *T/M*, v et w ont des valeurs du même ordre de grandeur que la vitesse moyenne de l'écoulement principal. Dans ce cas, en considérant que les fluctuations typiques de la vitesse du gaz sont induites par la force électrique et donc, par le mouvement secondaire, la valeur $T/M \approx 100$ peut conduire aux bornes supérieures pour les vitesses v et w (~ 1 m/s). Ces valeurs sont donc en accord avec les observations visuelles de l'écoulement gazeux dans notre précipitateur. En tenant compte de l'amortissement de la turbulence et de l'écoulement secondaire dans la deuxième partie du précipitateur (voir le chapitre 3), les résultats obtenus par la modélisation indiquent que le critère de linéarité (voir chapitre 3) fournit une valeur « effective » de D_t qui apparaît tout à fait plausible.

Chapitre 5
Influence du mouvement secondaire sur la charge des particules

Dans ce chapitre nous allons d'abord, par l'intermédiaire d'un calcul simple, examiner quelles sont les implications de la distribution de charge des particules sur le rendement de filtration. Ensuite, nous présentons un modèle de calcul numérique qui permet la simulation des trajectoires des particules, aléatoirement injectées dans une cellule convective. A l'aide de ce modèle une étude statistique concernant la charge des particules collectées et non collectées est réalisée et discutée.

5.1. Introduction

Comme nous l'avons présenté dans les chapitres 1 et 3, la charge portée par les particules représente un facteur très important qui intervient dans la précipitation électrostatique. Dans le même temps, le processus de charge des particules dans un électrofiltre est très complexe et conduit à des valeurs de charge différentes pour des particules identiques. Pour chaque classe de taille de particules on va donc avoir une distribution de charge plus ou moins large. Ceci provient essentiellement du fait que, au cours de leur trajet à l'intérieur du précipitateur, les particules vont « visiter » des zones différentes du point du vue de la densité de charge d'espace et de l'intensité du champ électrique. Or, nous avons montré que la charge acquise par une particule est en relation directe avec ρ et $\vec{E}$.

5.2. Influence de la distribution de charge des particules sur l'efficacité de collection

En général, quand on utilise le modèle de *Deutsch* pour estimer l'efficacité de filtration d'un précipitateur dans des conditions bien définies, les particules identiques sont supposées avoir toutes la même charge électrique. Des résultats intéressants peuvent être obtenus lorsque, dans l'expression de la vitesse théorique de migration (1.12), au lieu de considérer une valeur constante, on introduit une distribution de charge [107]. Pour obtenir des résultats qualitatifs, on considère une distribution gaussienne (relation 5.1) de charge avec le centre de dispersion q_p^∞ donnée par la relation de *Cochet* (1.14).

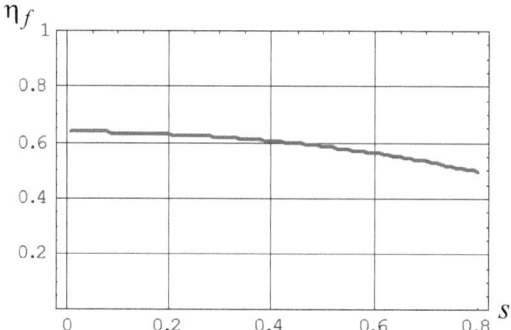

Figure 5.1 - *Variation de l'efficacité de collection en fonction de l'écart quadratique moyen s pour $d_p = 0.5$ μm, $\varepsilon_r = 4.5$, $E=5$ kV/cm, $U_g = 1$ m/s, $L = 100$ cm et $d = 4.5$ cm.*

La densité de probabilité $P(q_p)$ qu'une particule acquière la charge q_p est :

$$P(q_p) = \frac{1}{s\sqrt{2\pi}} \exp\left[-\frac{(q_p - q_p^\infty)^2}{2s}\right], \quad (5.1)$$

où s est l'écart quadratique moyen de q_p.

En considérant l'équation de Deutsch (1.19), l'efficacité fractionnaire de collection peut être calculée avec la relation suivante:

$$\eta_f(d_p) = 1 - \int_0^\infty P(q_p) \cdot \exp\left[-\frac{q_p E}{3\pi \cdot \eta_g \cdot d_p} \cdot \frac{L}{\overline{U}_g \cdot d} \cdot Cu(d_p)\right] dq_p . (5.2)$$

Dans ce calcul le champ électrique de charge E (qui intervient dans l'expression de *Cochet*) est supposé égal au champ électrique de précipitation (qui définit la vitesse de migration théorique). Pour des particules de 0,5 μm de diamètre, la variation de l'efficacité de collection en fonction de l'écart quadratique moyen σ est présentée dans la figure 5.1. Nous observons clairement qu'une augmentation de l'écart type σ de la distribution de charge a comme conséquence la diminution du rendement de séparation du filtre.

Bien que formel, ce calcul simple montre que la distribution de charge des particules influence le processus de précipitation électrostatique. Ici, nous avons considéré un cas très simple mais représentatif - une distribution gaussienne de charge. En réalité, nous n'avons aucune information sur les distributions de charge pour les particules collectées, mais aussi pour celles qui échappent au processus de collection. Dans ce chapitre, nous tentons de clarifier cette question par l'intermédiaire d'une simulation numérique sur certains aspects du fonctionnement d'un électrofiltre.

5.3. Calcul de la charge des particules. Approche lagrangienne

Considérons une particule qui pénètre dans une zone où existe un champ électrique affecté par une charge d'espace ionique. Cette particule va acquérir une charge électrique qui dépend des valeurs locales de l'intensité du champ électrique et de la densité de charge d'espace. Evaluer la charge d'une particule quelconque qui se trouve en mouvement à l'intérieur d'un électrofiltre à un instant donné, nécessite donc la connaissance de la trajectoire de celle-ci. Une approche lagrangienne, concernant le mouvement des particules, est alors nécessaire afin de calculer leur charge. Dans un électrofiltre, les trajectoires des particules sont influencées par l'écoulement du gaz et aussi par la force électrique qui s'exerce sur elles. Déterminer ces trajectoires implique donc le calcul du champ de vitesse du gaz porteur ainsi que la répartition spatiale du champ électrique et de la charge d'espace ionique.

5.3.1. Modèle de calcul pour les trajectoires des particules

Pour obtenir les distributions de charge des particules il est nécessaire de définir un modèle pour les trajectoires des particules. Pour ceci nous utilisons une approche lagrangienne qui permet de traiter individuellement le mouvement de chaque particule. Le problème consiste alors à résoudre d'une part les équations de *Navier-Stokes* (chapitre 4, le système 4.15) pour l'écoulement du gaz et d'autre part les équations du mouvement pour chaque particule au sein de ce champ porteur. A partir d'un bilan des forces sur la particule isolée, l'accélération de celle-ci est calculée et sa trajectoire déterminée par intégration. Pour ceci nous faisons les hypothèses suivantes:

- les particules sont sphériques et leur mouvement relatif par rapport au fluide engendre une traînée calculée à l'aide de la formule de *Stokes*;
- la concentration des particules est très faible et n'influence pas les distributions du champ électrique et de la charge d'espace ionique;
- la structure de l'écoulement gazeux dans un plan transversal Oyz est établie au bout d'une distance faible à partir de l'entrée du filtre. On néglige cette zone d'entrée aérodynamique où la convection dans le plan Oyz part de zéro (en $x = 0$) et croît jusqu'à sa valeur de saturation.

- l'hypothèse la plus importante et probablement la plus discutable consiste à ignorer totalement l'effet de la turbulence du gaz. Il existe à ce point une contradiction apparente car, dans le chapitre 4, l'écoulement secondaire du gaz, au niveau d'une cellule convective, a été déterminé en retenant un effet de viscosité turbulente (quantifié par le paramètre *T/M*). Ici nous sommes intéressés seulement par l'influence du mouvement secondaire du gaz (à une échelle de l'ordre de *d*) sur la charge des particules et, finalement, sur le processus de collection. Un argument dans ce sens est le fait que ce mouvement secondaire détermine principalement le passage des particules dans des zones plus ou moins « riches » en ions.

5.3.2. Mise en équations du problème

En accord avec [11], dans le cas du transport des particules dans un gaz, l'effet de la gravitation, la force de masse ajoutée et celle de *Basset* peuvent être négligées. De plus, comme il s'agit de particules de très petite taille (~ 1 µm), on peut négliger l'effet de *Magnus* [11] (résultat de la mise en rotation de la particule) ainsi que la force de *Lift* [108,109] provenant d'un taux de cisaillement élevé au sein du fluide. L'équation du mouvement d'une particule peut alors s'écrire d'une façon très simple:

$$m_p \cdot \frac{d\vec{v}_p}{dt} = q_p \cdot \vec{E} + 3 \cdot \pi \cdot \eta_g \cdot d_p \cdot \frac{1}{Cu(d_p)} \cdot (\vec{U}_g - \vec{v}_p) \qquad (5.3)$$

où $\vec{v}_p$ et m_p représentent la vitesse et la masse de la particule respectivement. Dans le chapitre 1, § 1.3.2 nous avons vu que, pour les petites particules ($d_p < 10$ µm), les temps de relaxation sont très courts (par exemple, pour une particule de 1 µm de diamètre $\tau_p = 0,01$ ms). Il en résulte donc qu'en absence de champ électrique, les fines particules suivent les lignes de courant gazeux même si celui-ci est caractérisé par une turbulence importante. Par contre, en présence d'un champ électrique, les particules se déplacent par rapport au fluide. Leur déplacement passe par une phase d'accélération (un régime transitoire) jusqu'au moment où elles atteignent la vitesse limite. Cette phase d'accélération est caractérisée par le même temps de relaxation τ_p. Pour une particule de 1 µm en diamètre la vitesse limite $v_{lim} = w_E \leq 0,3$ m/s (voir chapitre 3); donc, pendant le temps τ_p elle parcourt une distance ≤ 3 µm par rapport à l'air, largement inférieure aux échelles spécifiques des précipitateurs. On peut donc considérer que le mouvement des particules par rapport au fluide porteur est bien caractérisé par leur vitesse limite (on néglige donc le régime transitoire). Dans cette situation la vitesse des particules chargées sous l'effet du champ électrique peut alors s'exprimer par la relation (3.1). Cette analyse nous permet de conclure qu'il n'est pas nécessaire de résoudre l'équation complète du mouvement (5.3). Nous pouvons donc approcher les trajectoires des particules par les équations suivantes:

$$\begin{cases} \dfrac{dx}{dt} = u(x,y,z) + \dfrac{q_p}{3\cdot\pi\cdot\eta_g\cdot d_p}\cdot Cu(d_p)\cdot E_x(x,y,z) \\ \dfrac{dy}{dt} = v(x,y,z) + \dfrac{q_p}{3\cdot\pi\cdot\eta_g\cdot d_p}\cdot Cu(d_p)\cdot E_y(x,y,z) \\ \dfrac{dz}{dt} = w(x,y,z) + \dfrac{q_p}{3\cdot\pi\cdot\eta_g\cdot d_p}\cdot Cu(d_p)\cdot E_z(x,y,z) \end{cases} \quad (5.4)$$

En prenant les mêmes grandeurs de référence qu'au chapitre 4, on obtient le système d'équations adimensionnelles suivant:

$$\begin{cases} \dfrac{dx^*}{dt^*} = u^*\!\left(x^*,y^*,z^*\right) + \alpha\,\dfrac{T}{M}\cdot q_p^*\cdot E_x^*\!\left(x^*,y^*,z^*\right) \\ \dfrac{dy^*}{dt^*} = v^*\!\left(x^*,y^*,z^*\right) + \alpha\,\dfrac{T}{M}\cdot q_p^*\cdot E_y^*\!\left(x^*,y^*,z^*\right), \\ \dfrac{dz^*}{dt^*} = w^*\!\left(x^*,y^*,z^*\right) + \alpha\,\dfrac{T}{M}\cdot q_p^*\cdot E_z^*\!\left(x^*,y^*,z^*\right) \end{cases} \quad (5.5)$$

Comme valeur de référence pour la charge électrique des particules $(q_p)_{ref}$, on a pris la charge de saturation dans le champ moyen Φ_0/d:

$$\left(q_p\right)_{ref} = \beta\cdot\pi\cdot d_p^{\,2}\cdot\varepsilon_0\cdot\dfrac{\Phi_0}{d}, \quad (5.6)$$

où le coefficient β s'écrit: $\beta = \dfrac{3\cdot\varepsilon_r}{\varepsilon_r + 2}$.

Le facteur α dépend de la taille de la particule:

$$\alpha = \dfrac{\beta}{3}\cdot Cu(d_p) \quad (5.7)$$

Dans (5.5) l'expression $\alpha T/M$ mesure l'importance du déplacement induit par le champ électrique par rapport au transport convectif des particules (entraînées par l'écoulement gazeux).

5.3.3. Calcul du champ de vitesse du flux gazeux

Pour calculer les composantes de la vitesse du gaz selon les trois axes nous faisons appel aux équations de *Navier-Stokes*. Nous considérons la même configuration simplifiée d'électrofiltre que celle présentée au chapitre 4 (figure 4.8). En maintenant l'hypothèse que les composantes de la vitesse du flux gazeux sont invariantes selon la direction Ox, le problème se réduit alors au système d'équations (4.15). Dans le chapitre 4 nous avons présenté les méthodes de résolution pour le problème mécanique et celui électrique dans le domaine plan illustré dans la figure 4.9. En raison du découplage existant entre la première et les deux autres équations du système (4.15), nous avons déterminé seulement les composantes $v(y,z)$ et $w(y,z)$ caractérisant le mouvement secondaire du gaz. En examinant les équations (5.5), on observe que le calcul des trajectoires des particules nécessite aussi la connaissance de la composante u de la vitesse du gaz. Pour ceci, la résolution de la première équation du système (4.15) est nécessaire. En accord avec les hypothèses faites ($\frac{\partial u}{\partial x} = 0$) cette équation s'écrit:

$$\frac{\partial u}{\partial t} + v \cdot \frac{\partial u}{\partial y} + w \cdot \frac{\partial u}{\partial z} = \frac{1}{\rho_p} \cdot \left(-\frac{\partial p}{\partial x} + \eta_g \cdot \Delta u \right) \qquad (5.8)$$

Les conditions aux limites pour cette équation (voir le domaine de calcul – figure 4.9) sont les suivantes:

- sur les axes $z = 0$ et $z = s/2$ (frontières OC et AB) la symétrie entraîne: $\frac{\partial u}{\partial z} = 0$;

- sur l'axe $y = 0$ (frontière OA) la symétrie entraîne: $\frac{\partial u}{\partial y} = 0$;

- sur l'axe $y = d$ (frontière BC - paroi) $u = 0$.

En examinant l'équation (5.8) on observe qu'elle a une forme identique à l'équation de la vorticité (4.22)-(1). La méthode de résolution est donc la même que celle décrite dans § 4.3.5. Le gradient de pression selon Ox, qui détermine en fait la vitesse moyenne du gaz, intervient dans le membre droit de l'équation (5.8). Ce terme joue le même rôle que le terme source électrique dans l'équation de la vorticité. Il faut donc évaluer sa valeur afin d'avoir une vitesse moyenne du gaz dans la direction Ox de l'ordre du mètre par seconde. Dans le cas laminaire, la perte de charge caractéristique de l'écoulement gazeux à l'intérieur du filtre a une valeur minimale et peut être calculée avec la relation [15]:

$$\left|\frac{dp}{dx}\right| = 3 \cdot \eta_g \cdot \frac{\overline{U}_g}{d^2} \qquad (5.9)$$

Dans le cas d'un écoulement turbulent, la perte de charge au sein du filtre est nettement plus importante car une partie de l'énergie est dissipée par les tourbillons (par frottement visqueux à petite l'échelle). Dans ce cas, le gradient de pression a une valeur plus importante; dans nos calculs nous avons pris une valeur six fois plus grande que celle donnée par (5.9) ce qui assure une vitesse moyenne selon Ox d'environ 1 m/s.

La figure 5.2 présente la distribution de la composante axiale de la vitesse $u(y,z)$ au niveau d'une cellule convective. On observe que le paramètre T/M, qui quantifie en fait le degré de turbulence de l'écoulement, a une influence importante sur la distribution de u. Comme on s'y attendait, la figure 5.2 montre que, en s'approchant de la paroi (située dans nos représentations dans la partie supérieure), la vitesse axiale diminue. Pour $T/M = 500$, le maximum de la vitesse est atteint dans le centre de la cellule.

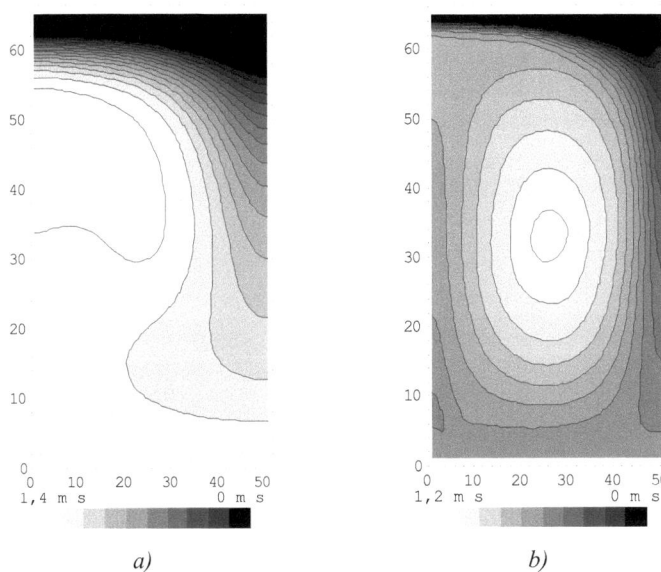

a)   *b)*

Figure 5.2 - *Distribution de la composante axiale de la vitesse du gaz pour* $\Phi_0 = 20$ kV, $C = 2,5$ *(les abscisses et les ordonnées représentent les lignes correspondant au maillage). Pour la figure (a)* $T/M = 100$ *et pour la figure b)* $T/M = 500$.

5.3.4. Modèle de charge des particules

Grâce à nos calculs réalisés pour la géométrie simplifiée du filtre (figure 4.8), nous disposons des répartitions spatiales du champ électrique et de la charge d'espace ionique ainsi que des composantes de la vitesse du gaz.

Pour le calcul de la charge des particules q_p, nous utilisons le modèle de *Lawless* [23,110] appelé « *Field-Modified Diffusion (FMD)* » et qui tient compte du champ électrique dans le processus de charge par diffusion [23]. Ce modèle prend en compte les deux mécanismes de charge: par diffusion et par champ. Considérons le cas d'une particule en mouvement dans un champ électrique affecté par une charge d'espace ionique. Lorsque la charge acquise par la particule reste inférieure à la charge limite par champ q_p^s (qui dépend de l'intensité du champ électrique local) le modèle de *Lawless* fait intervenir les deux mécanismes de charge: par diffusion et par champ. La charge de saturation q_p^s se calcule en accord avec la théorie de *White* (voir § 1.3.2) par la relation (5.10) et, en général, est une fonction de la position (x,y,z) de la particule. Le taux de charge est alors exprimé par la première équation (5.11). Par contre, dans le cas où $q_p \geq q_p^s$, dans le processus de charge de la particule n'intervient que le phénomène de diffusion d'ions. Le taux de charge est caractérisé alors par la deuxième équation (5.11).

$$q_p^s(d_p) = 3\pi\varepsilon_0 \frac{\varepsilon_r}{\varepsilon_r + 2} \cdot d_p^2 \cdot E(x,y,z) \qquad (5.10)$$

$$\frac{dq_p}{dt} = \begin{cases} \frac{1}{\tau_q} \cdot q_p^s \left(1 - \frac{q_p}{q_p^s}\right)^2 + \\ \qquad a(\widetilde{E}) \cdot \dfrac{2\pi \cdot \rho \cdot K_i \cdot k \cdot T \cdot d_p}{e}, & 0 \leq q_p \leq q_p^s \\ a(\widetilde{E}) \cdot \dfrac{1}{4 \cdot \tau_q} \cdot \dfrac{q_p - q_p^s}{\exp\left[\dfrac{(q_p - q_p^s) \cdot e}{2\pi \cdot \varepsilon_0 \cdot K_i \cdot k \cdot T \cdot d_p}\right]}, & q_p \geq q_p^s \end{cases} \qquad (5.11)$$

où $e = 1{,}6 \cdot 10^{-19}$ C est la charge élémentaire, $k = 1{,}38 \cdot 10^{-23}$ J/K est la constante de *Boltzmann*, $K_i = 2{,}2 \cdot 10^{-4}$ m²/V·s est la mobilité des ions négatifs dans l'air, $\varepsilon_0 = 8{,}85 \cdot 10^{-12}$ F/m est la permittivité du vide et T est la température. Le temps caractéristique de charge τ_q est calculé à partir de:

$$\tau_q = \frac{4 \cdot \varepsilon_0}{\rho(x,y,z) \cdot K_i}, \qquad (5.12)$$

Le coefficient de surface $a(\widetilde{E})$ a l'expression suivante:

$$a(\widetilde{E}) = \begin{cases} \dfrac{1}{(\widetilde{E} + 0{,}457)^{0{,}575}}, & \widetilde{E} \geq 0{,}525 \\ 1, & \widetilde{E} < 0{,}525 \end{cases}, \text{ où } \widetilde{E} = \dfrac{d_p \cdot e}{2 \cdot k \cdot T} \cdot E(x,y,z) \quad (5.13)$$

5.3.5. Trajectoires des particules. Cas bidimensionnel (2-D)

Pour tracer les trajectoires des particules nous restons toujours dans le cas de la configuration simplifiée du filtre électrostatique (figure 4.8). Ainsi, nous disposons des informations suffisantes pour déterminer les trajectoires des particules et étudier l'évolution de la charge électrique acquise par celles-ci. Comme dans ce cas le champ électrique et les composantes de la vitesse du gaz ne dépendent pas de x, le système d'équations (5.5) devient :

$$\begin{cases} \dfrac{dx^*}{dt^*} = u^*(y^*, z^*) \\ \dfrac{dy^*}{dt^*} = v^*(y^*, z^*) + \alpha \dfrac{T}{M} \cdot q_p^* \cdot E_y^*(y^*, z^*) \\ \dfrac{dz^*}{dt^*} = w^*(y^*, z^*) + \alpha \dfrac{T}{M} \cdot q_p^* \cdot E_z^*(y^*, z^*) \end{cases} \quad (5.14)$$

Au système d'équations (5.14) s'ajoutent les équations relatives à la charge des particules qui s'écrivent sous forme adimensionnelle :

$$\begin{cases} q_p^{s*} = E^* \\ \dfrac{dq_p^*}{dt^*} = \dfrac{1}{4 \cdot M} \cdot \rho^* \cdot E^* \cdot \left(1 - \dfrac{q_p^*}{E^*}\right)^2 + a(\widetilde{E}) \cdot \dfrac{\rho^*}{G}, & \text{si } q_p^* < E^* \\ \dfrac{dq_p^*}{dt^*} = a(\widetilde{E}) \cdot \dfrac{1}{M} \cdot \rho^* \cdot E^* \cdot \dfrac{q_p^* - E^*}{\exp\left[\dfrac{G}{M} \cdot (q_p^* - E^*)\right]}, & \text{si } q_p^* > E^* \end{cases} \quad (5.15)$$

où le nombre adimensionnel $G = \dfrac{\beta \cdot M}{2} \cdot \Phi_0 \cdot \dfrac{e}{k \cdot T} \cdot \dfrac{d_p}{d}$ avec $M = \dfrac{1}{K_i} \cdot \sqrt{\dfrac{\varepsilon_0}{\rho_g}}$ défini dans § 4.3.4.

Les conditions de symétrie expliquées lors de la formulation des problèmes électrique et mécanique (voir chapitre 4) et le fait de négliger la turbulence entraînent la conséquence suivante : les particules ne peuvent pas traverser les plans de symétrie situés entre deux cellules convectives voisines (autrement dit, les particules qui entrent dans le filtre sont collectées ou sortent du précipitateur dans la même cellule convective). Dans ce cas, le mouvement des particules à l'intérieur d'une telle cellule est représentatif pour l'ensemble du précipitateur.

Les figures 5.3 et 5.4 présentent quelques exemples de trajectoires de particules ayant un diamètre de 0,5 µm et d'évolution de leur charge en fonction du temps adimensionnel t^*. Pour ceci, les positions où les particules entrent dans la cellule (le plan Oyz) sont tirées aléatoirement. Nous observons que selon les coordonnées du point d'entrée, les trajectoires des particules sont différentes. Lorsqu'elles entrent dans des zones caractérisées par une forte densité de charge d'espace et un champ électrique important (situées près de la lame émettrice), les particules acquièrent une charge électrique plus élevée et sont collectées à une distance relativement petite de l'entrée. Par contre, si le point d'entrée est situé dans la zone centrale de la cellule convective, la charge électrique acquise est moins importante et les trajectoires sont plus longues.

A partir d'un certain nombre d'essais, nous avons sélectionné des trajectoires longues (pas de collecte ou collecte vers la sortie de l'électrofiltre) afin de mieux observer la dynamique de charge des particules selon leur taille (voir figures 5.5 et 5.6). En accord avec la majorité des modèles de charge qui prennent en compte le mécanisme de charge par diffusion, la figure 5.5 montre clairement que la charge acquise par les petites particules ($d_p = 0,1 - 0,8$ µm) est bien supérieure à q_p^s (on remarque clairement les limites du modèle continu de charge pour le cas $d_p = 0,1$ µm où la particule est porteuse de huit charges élémentaires). Cette différence s'explique par l'importance du phénomène de diffusion dans le processus de charge des particules submicroniques. Par contre, pour les particules d'un diamètre supérieur à 1 µm (figure 5.6) le mécanisme de charge par champ devient dominant et q_p est peu différente de la charge de saturation. On remarque aussi que les valeurs maximales des charges acquises sont en corrélation avec la taille des particules: plus le diamètre de la particule est important, plus sa charge électrique est grande.

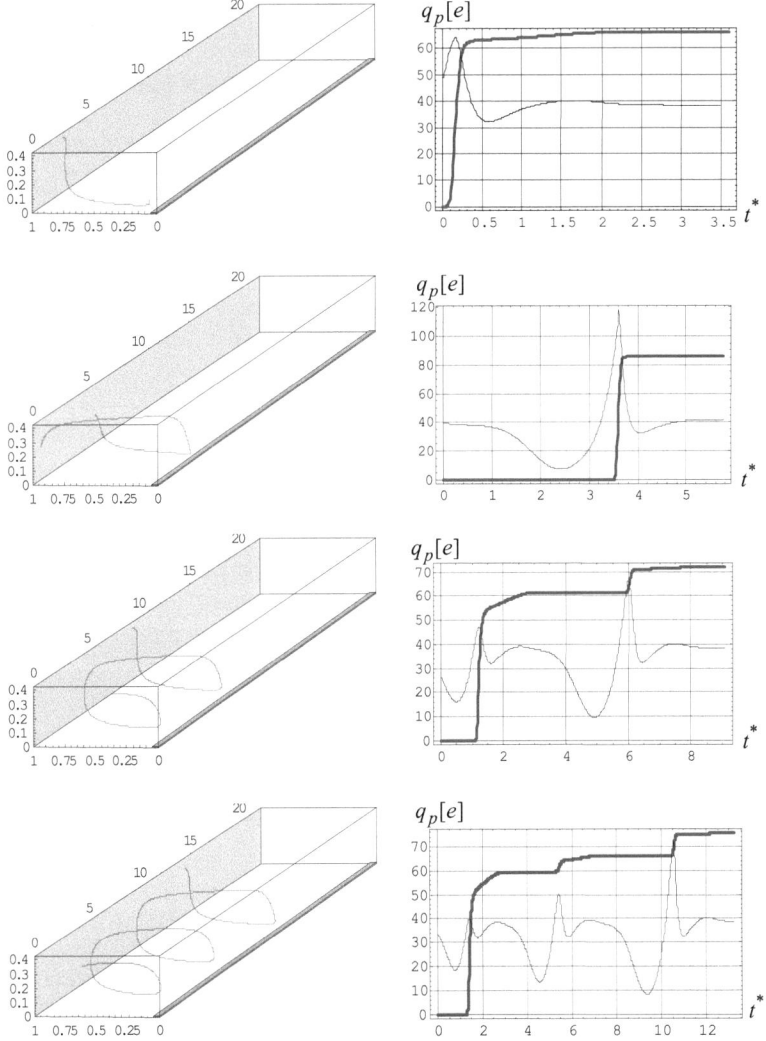

Figure 5.3 - *Trajectoires de particules et évolution de leur charge (courbe épaisse) et de la charge limite par champ en fonction du temps adimensionnel (t*) pour d_p = 0,5* μm *et* différentes *positions d'entrée (la charge des particules est exprimée en charges élémentaires). T/M = 100, Φ_0 = 20 kV, C = 2,5 et vitesse moyenne d'écoulement gazeux $\overline{U}_g$ = 1,3 m/s.*

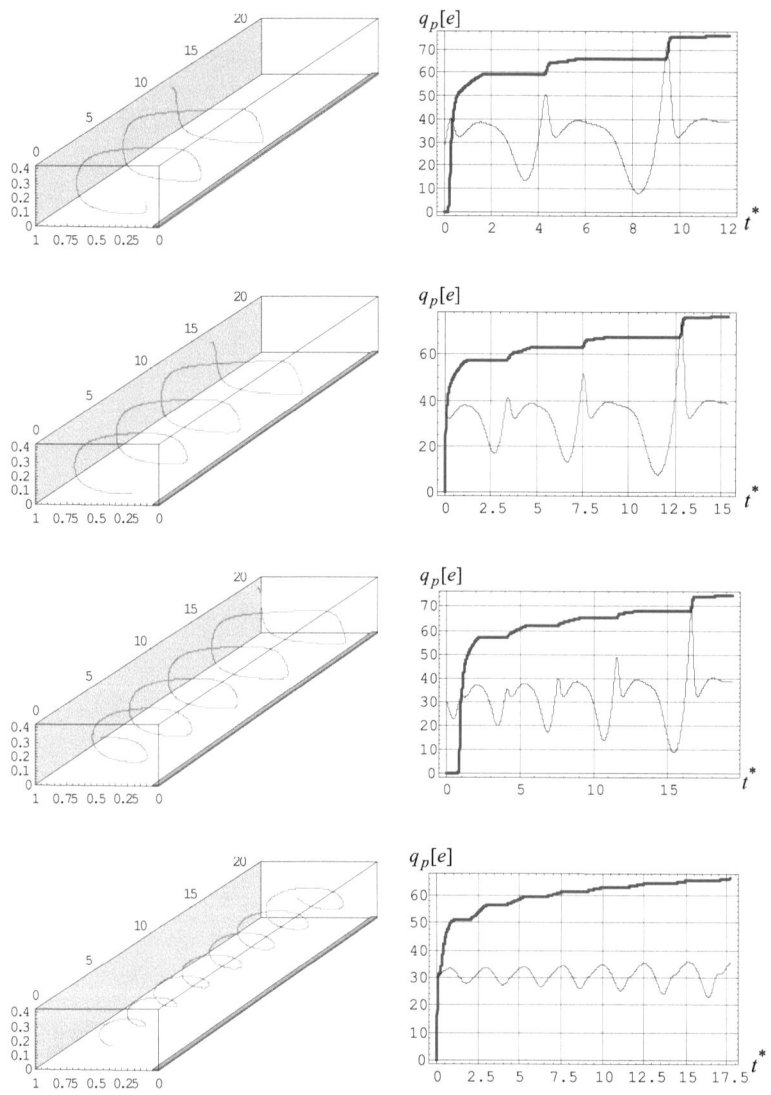

Figure 5.4 - *Trajectoires de particules et évolution de leur charge (courbe épaisse) et de la charge limite par champ en fonction du temps adimensionnel (t*) pour d_p = 0,5 μm et différentes positions d'entrée (la charge des particules est exprimée en charges élémentaires). T/M = 100, Φ_0 = 20 kV, C = 2,5 et $\overline{U}_g$ = 1,3 m/s.*

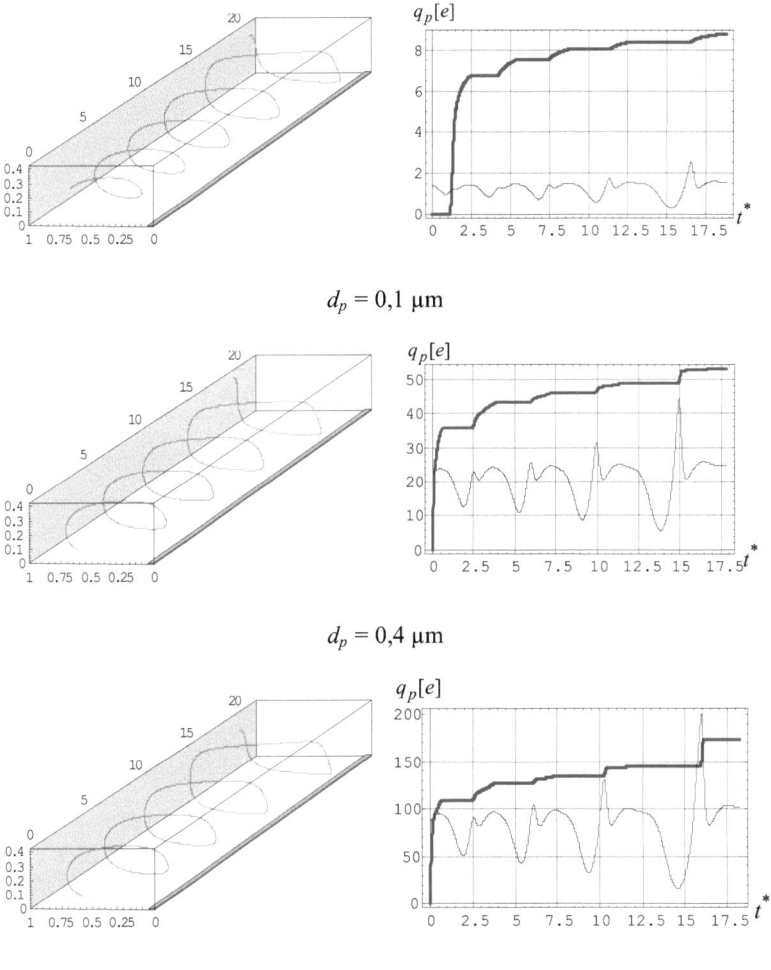

$d_p = 0.1$ μm

$d_p = 0.4$ μm

$d_p = 0.8$ μm

Figure 5.5 - *Trajectoires des particule ($d_p = 0,1$, $0,4$ et $0,8$ μm) et évolution de leur charge (courbe épaisse) et de la charge limite par champ en fonction du temps adimensionnel (t^*) (la charge des particules est exprimée en charges élémentaires). $T/M = 100$, $\Phi_0 = 20$ kV, $C = 2,5$ et $\overline{U}_g = 1,3$ m/s.*

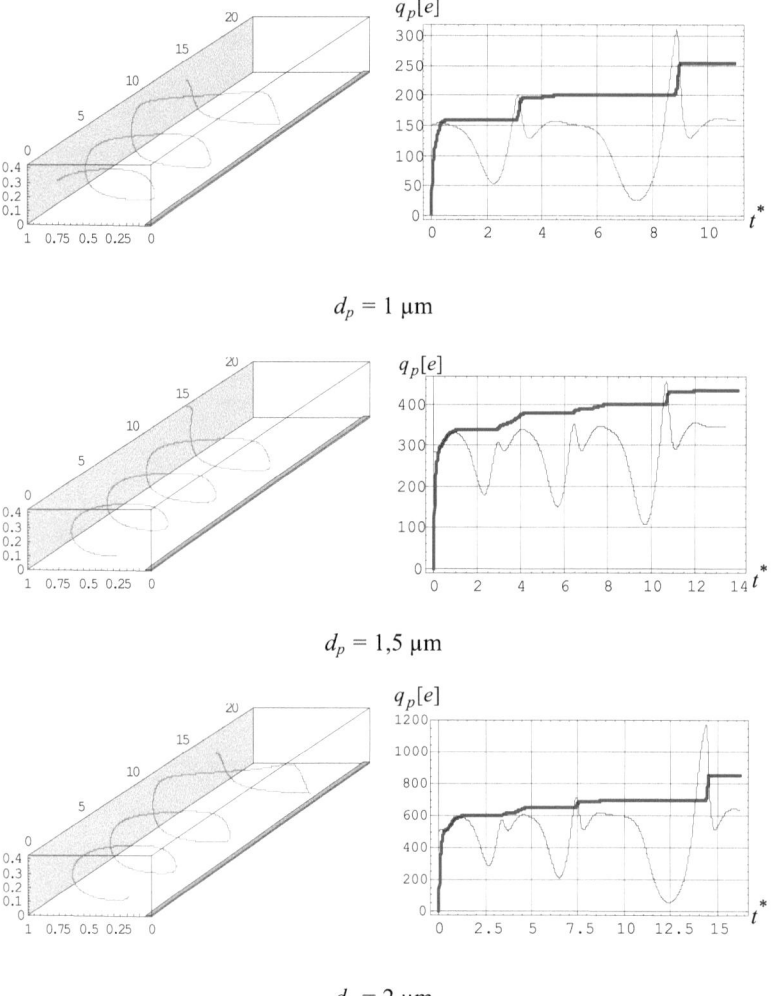

$d_p = 1$ μm

$d_p = 1,5$ μm

$d_p = 2$ μm

Figure 5.6 - *Trajectoires de particules (d_p = 1, 1,5 et 2 μm) et évolution de leur charge (courbe épaisse) et de la charge limite par champ en fonction du temps adimensionnel (t*) (la charge des particules est exprimée en charges élémentaires). T/M = 100, Φ_0 = 20 kV, C = 2,5 et $\overline{U}_g$ = 1,3 m/s.*

Les exemples présentés dans les figures 5.3 - 5.6 montrent également l'importance du mouvement secondaire du gaz sur le processus de charge. Entraînées par l'écoulement du gaz, les particules passent plusieurs fois près de la lame injectrice, zone dans laquelle la densité de charge d'espace ionique et l'intensité du champ électrique sont très élevées. On observe clairement que chaque passage dans cette zone correspond à une incrémentation de la charge acquise et par conséquent, à une augmentation de la force électrique qui s'exerce sur les particules. Ceci provoque un élargissement des trajectoires dans le plan Oyz qui conduit souvent à la captation des particules. Qualitativement, ce modèle bi-dimensionnel de la distribution de charge ionique et de champ donne une très bonne illustration du caractère intermittent de l'acquisition de charge par les particules. Sur le plan quantitatif, cependant, il faut s'interroger sur la validité de ces résultats pour les précipitateurs réels qui utilisent comme électrodes ionisantes des tiges avec pointes. Dans ce cas, l'injection de charge ionique n'est plus uniforme tout au long des lames, elle a un caractère beaucoup plus localisé déterminé par l'emplacement spatial des pointes. Ceci peut jouer un rôle important pour la charge effective des particules (ce point sera examiné en détail au § 5.4.2). Alors, un calcul tri-dimensionnel du champ électrique et de la charge d'espace ionique est apparu nécessaire.

5.4. Répartitions tridimensionnelles du champ électrique et de la charge d'espace ionique

Dans la section précédente nous avons présenté l'évolution de la charge des particules dans le cas du filtre électrostatique simplifié pour lequel les électrodes ionisantes sont des lames disposées horizontalement. Nous avons vu que pour cette configuration les distributions du champ électrique et de la charge d'espace ionique sont invariantes selon la direction Ox. Dans la configuration réelle, où les électrodes émettrices sont des pointes portées par des tiges, les distributions spatiales des grandeurs électriques dépendent aussi de l'abscisse x. Comme dans ce cas, les répartitions de gradient du potentiel électrique et densité de charge d'espace sont différentes par rapport à celles calculées auparavant, les trajectoires des particules ne seront pas identiques à celles présentées sur les figures 5.3 à 5.6. Le processus de charge des particules est alors influencé et peut conduire à des valeurs de charge différentes par rapport à celles obtenues précédemment.

En ce qui concerne la structure de l'écoulement du gaz, nous avons vu que la simplification de la configuration de l'électrofiltre conduit à des résultats qui, en première approximation, reflètent bien les mouvements à grande échelle que nous avons remarqués lors des observations visuelles dans le filtre pilote. Comme le montrent aussi les figures 5.3 – 5.6, ce mouvement secondaire du gaz (à l'échelle d) a une influence importante dans les processus de charge et de collection. Ainsi, pour se placer plus près des conditions réelles existant dans les précipitateurs, nous examinons les trajectoires des particules et la dynamique de leur charge en nous plaçant dans les conditions suivantes:

- les électrodes ionisantes sont sous forme de tiges avec des pointes. On considère donc des distributions tri-dimensionnelles (*3-D*) du champ électrique et de la charge d'espace ionique;
- afin de simplifier les calculs, nous supposons que l'écoulement du gaz déterminé dans le cas du filtre simplifié reste valable, en première approximation, pour la configuration réelle du précipitateur.

5.4.1. Formulation du problème

Le problème physique qu'on se propose d'étudier est celui du champ électrique affecté par un flux permanent d'ions identiques en provenance d'une électrode injectrice. Nous omettons tous les phénomènes liés à la création de ces ions et nous supposons que leur injection est constante dans le temps. Nous considérons le régime stationnaire ($\partial/\partial t = 0$) et cherchons les répartitions tri-dimensionnelles (*3-D*) du champ électrique et de la charge d'espace ionique dans le domaine du calcul présenté dans la figure 5.8. Ce domaine de calcul résulte de la double périodicité des pointes d'injection selon les axes Ox et Oz ainsi que du plan de symétrie Oxz situé à $y = 0$ (voir la figure 5.7). Le gaz dans le domaine de calcul est considéré comme un milieu isotrope et homogène de permittivité ε_0. De nouveau, nous négligeons ici la présence des particules chargées dans le domaine. Afin de faciliter le calcul, nous approcherons les tiges et les pointes injectrices, cylindriques en réalité, par des formes parallélépipédiques. Leurs sections sont des carrés qui ont le coté égal à d_{tige}, dans le cas des tiges et à d_{pointe} pour les pointes (figure 5.8).

Comme nous l'avons vu au § 4.3.2, trouver les répartitions spatiales du champ électrique et de la charge d'espace nécessite la résolution du système d'équations (4.10) que nous rappelons ici:

$$\begin{cases} \Delta \Phi = -\dfrac{\rho}{\varepsilon_0} \\ \vec{E} = -\mathrm{grad}\,\Phi \\ \mathrm{div}\left(\rho \cdot K_i \cdot \vec{E}\right) = 0, \end{cases} \quad (5.16)$$

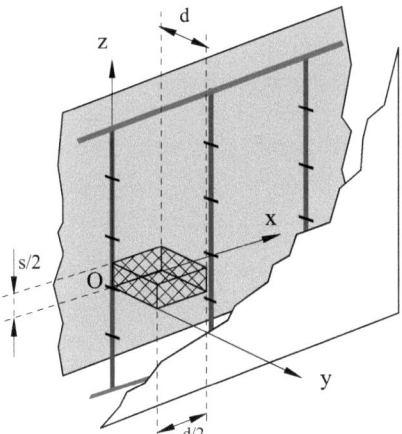

Figure 5.7 - *Fixation du domaine 3-D du calcul (s est la distance entre deux pointes situées sur la même tige et d la distance entre deux tiges est égale à la demi-distance d entre les plaques collectrices).*

avec les conditions aux limites suivantes:
- pour les deux premières équations, des conditions de type *Dirichlet* sur les surfaces de la pointe injectrice et de la tige $\Phi = \Phi_0$ et à la plaque de collecte $\Phi = 0$;
- pour les plans de symétrie: (Oxy) en $z = 0$ et $z = s/2$, (Oyz) en $x = 0$ et $x = d/2$ et (Oxz) en $y = 0$, des conditions aux limites de type *Neumann* $\dfrac{\partial \Phi}{\partial n} = 0$, où n représente la normale au plan considéré.
- pour l'équation de conservation de la charge, comme il a été montré au chapitre 4, nous imposons une densité de charge à la surface active de la pointe: $\rho = \rho_0$ (nous supposons que l'injection de charge a lieu seulement à l'extrémité de la pointe, dans le plan (Oxy) en $y = d_{tige} + l_{pointe}$ (voir le tableau 2.2)). La valeur de la densité de charge ρ_0 est choisie de manière que la densité moyenne du courant électrique reçu par la plaque soit égale à celle mesurée expérimentalement dans le cas de l'électrofiltre pilote.

L'adimensionalisation des équations du système (5.16) est réalisée en utilisant les mêmes grandeurs de référence que celles choisies dans § 4.3.4. On obtient alors un système d'équations identique à (4.24). Dans ce cas, les conditions aux limites s'écrivent:

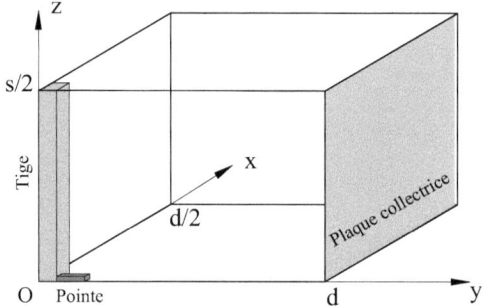

Figure 5.8 - *Représentation du domaine 3-D du calcul (tige et pointe de forme parallélipipédique).*

- pour le potentiel: sur la pointe injectrice et la tige $\Phi^* = 1$ et sur la plaque collectrice $\Phi^* = 0$;

- pour la densité de charge d'espace ionique $\rho^* = C$ $(= \dfrac{\rho_0 \cdot d^2}{\varepsilon_0 \cdot \Phi_0})$.

5.4.2. Résolution du problème tridimensionnel (3-D)

Pour résoudre le système d'équations (4.24) dans le domaine de calcul *3-D* représenté sur la figure 5.8, nous utilisons la même méthode que celle employée dans le chapitre 4 (méthode des différences finies). Dans la résolution du problème électrique *3-D* nous ne sommes pas intéressés par la variation des grandeurs électriques à une échelle très petite de l'ordre de dizaines de micromètres (les hypothèses qu'on prend en compte lors du calcul des trajectoires des particules ne justifient pas un tel effort). Les singularités introduites par les arêtes et les sommets de la tige et de la pointe sont artificielles et résultent des simplifications dues au maillage retenu. Dans la pratique, ces singularités seront éliminées en prenant des approximations aux différences finies pour le champ.

Un code de calcul numérique en trois dimensions qui permet la résolution du système (4.24) a été mis au point. Le domaine de calcul a été discrétisé en petits cubes en utilisant un maillage régulier avec un pas de discrétisation égal sur les trois directions $\Delta x = \Delta y = \Delta z = \Delta$ (figure 5.9). La largeur du pas de discrétisation (qui donne finalement le nombre total des volumes élémentaires) a été choisie en tenant compte à la fois de la précision et du temps total de calcul. Nous avons opté pour un pas $\Delta = 1/60$ qui donne un nombre total de 47580 nœuds et qui assure une bonne précision pour un temps de calcul qui reste raisonnable (pour un micro-ordinateur équipé avec un processeur à une fréquence interne de 1 GHz, le temps de calcul est d'environ 8 heures). Chaque nœud du maillage est repéré par les indices (i,j,k); les variables sont alors calculées aux nœuds du maillage.

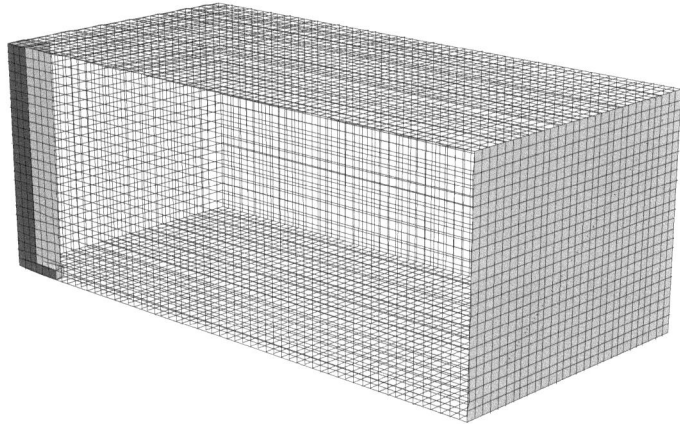

Figure 5.9 - *Représentation graphique du maillage 3-D régulier. Le nombre total de nœuds est* 47580, *ce qui correspond à* $N_x = 30$, $N_y = 61$, $N_z = 26$.

5.4.2.1. Discrétisation des équations

Pour la résolution numérique des équations nous devons déterminer les approximations discrètes des opérateurs mathématiques intervenant dans le système (4.24). La technique classique d'approximation de la dérivée seconde d'une fonction a été discutée au § 4.3.5.1. Nous ne reviendrons donc pas sur ce sujet. On retient l'expression (4.29) qui dans le cas d'un maillage *3-D* s'applique selon les trois directions.

a) Equation de Poisson

En tenant compte de $\Delta x = \Delta y = \Delta z = \Delta$ et de la relation (4.29), la formule de discrétisation du laplacien est:

$$\Delta\Phi = \frac{1}{\Delta^2} \cdot \begin{bmatrix} \Phi_{i+1,j,k} + \Phi_{i-1,j,k} + \Phi_{i,j+1,k} + \Phi_{i,j-1,k} + \Phi_{i,j,k+1} \\ + \Phi_{i,j,k-1} - 6 \cdot \Phi_{i,j,k} \end{bmatrix}. \quad (5.17)$$

Pour trouver la solution de l'équation de *Poisson* on utilise la même méthode itérative de calcul (sur-relaxations successives). En écrivant l'expression (5.17) pour deux passages successifs on obtient la relation de calcul du potentiel électrique en fonction de la valeur de la densité de charge d'espace $\rho_{i,j,k}$ attribuée à chaque nœud:

$$\Phi_{i,j,k}^{(I+1)} = \Phi_{i,j,k}^{(I)} + \frac{\omega}{6} \cdot \left[\begin{array}{c} \Phi_{i+1,j,k}^{(I)} + \Phi_{i-1,j,k}^{(I)} + \Phi_{i,j+1,k}^{(I)} + \Phi_{i,j-1,k}^{(I)} \\ + \Phi_{i,j,k+1}^{(I)} + \Phi_{i,j,k+1}^{(I)} + \Delta^2 \cdot \rho_{i,j,k} - 6 \cdot \Phi_{i,j,k}^{(I)} \end{array} \right], \quad (5.18)$$

où le facteur de sur-relaxation ω est obtenu à partir de (4.32) en ajoutant la troisième dimension dans l'expression de ξ qui, pour un pas égal sur les trois axes, devient:

$$\xi = \frac{1}{3} \cdot \left[\cos\frac{\pi}{N_x - 1} + \cos\frac{\pi}{N_y - 1} + \cos\frac{\pi}{N_z - 1} \right] \quad (5.19)$$

La forme discrète des conditions aux limites pour l'équation de *Poisson* est dans ce cas:

- $\Phi_{i,j,k} = 1$, pour la surface de la pointe et de la tige;

- $\Phi_{i,N_y,k} = 0$, sur la plaque collectrice.

- Sur les autres plans de symétrie on impose la condition $\frac{\partial \Phi_{i,j,k}}{\partial n_{i,j,k}} = 0$, avec $n_{i,j,k}$

normale au plan considéré.

b) Discrétisation de l'équation $\vec{E} = -\operatorname{grad} \Phi$

La discrétisation de l'opérateur gradient sur les trois directions est réalisée par des expressions analogues à (4.33) (schéma centré du deuxième ordre):

$$\begin{aligned} E_{x(i,j,k)} &= \frac{\Phi_{i-1,j,k} - \Phi_{i+1,j,k}}{2 \cdot \Delta} \\ E_{y(i,j,k)} &= \frac{\Phi_{i,j-1,k} - \Phi_{i,j+1,k}}{2 \cdot \Delta} \\ E_{z(i,j,k)} &= \frac{\Phi_{i,j,k-1} - \Phi_{i,j,k+1}}{2 \cdot \Delta} \end{aligned} \quad (5.20)$$

c) Discrétisation de l'équation de conservation de la charge

Pour résoudre l'équation de conservation de la charge nous utilisons la méthode des caractéristiques. En prenant la notation $\frac{1}{\rho} = m$, la relation (4.34) peut alors s'écrire:

$$\vec{E} \cdot \operatorname{grad} m = 1 \quad (5.21)$$

Comme nous l'avons expliqué dans le chapitre 4 lors de la résolution du problème bi-dimensionnel, les ions injectés par la pointe se déplacent le long des lignes de champ vers la plaque collectrice car les trois composantes du champ électrique sont non négatives dans le domaine de calcul. Il s'agit alors de trouver les trajectoires des ions à l'intérieur de chaque volume élémentaire. Considérons un nœud quelconque (i,j,k) du maillage; il existe trois cas selon la face interceptée par la trajectoire, expliqués schématiquement dans la figure 5.10.

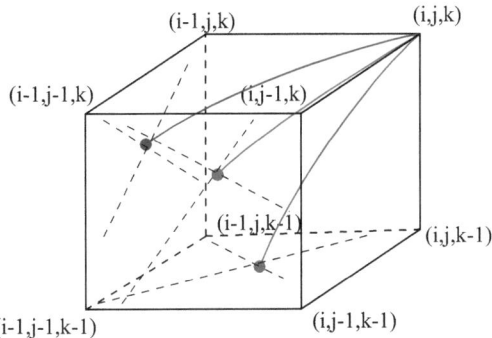

Figure 5.10 - *Explication schématique pour le calcul de la trajectoire des ions au niveau d'un volume élémentaire.*

Les trajectoires pour les ions sont déterminées par les équations: $\dfrac{dx}{dt}=E_x$, $\dfrac{dy}{dt}=E_y$, $\dfrac{dz}{dt}=E_z$. On fait l'hypothèse qu'à l'intérieur d'un volume élémentaire les trois composantes du champ électrique sont constantes. Il résulte donc que le mouvement des ions selon les trois directions est dicté par les expressions suivantes:

$$x(t) = x_0 + E_x \cdot t$$
$$y(t) = y_0 + E_y \cdot t . \qquad (5.22)$$
$$z(t) = z_0 + E_z \cdot t$$

La première face du volume qui sera interceptée (en temps négatif) par la trajectoire est celle pour laquelle le temps nécessaire pour « reculer » de Δ est minimum:

$$|t_x| = \frac{\Delta}{E_x}, \quad |t_y| = \frac{\Delta}{E_y}, \quad |t_z| = \frac{\Delta}{E_z} . \qquad (5.23)$$

Il en résulte donc que le maximum des trois composantes E_x, E_y et E_z du champ électrique détermine la face coupée par les trajectoires des ions. Pour donner un exemple, considérons le cas correspondant à $E_x = max(E_x, E_y, E_z)$ (figure 5.11). L'équation (5.21) peut s'écrire sous la forme suivante:

$$E_x \cdot \frac{\partial m}{\partial x} + E_y \cdot \frac{\partial m}{\partial y} + E_z \cdot \frac{\partial m}{\partial z} = 1 \tag{5.24}$$

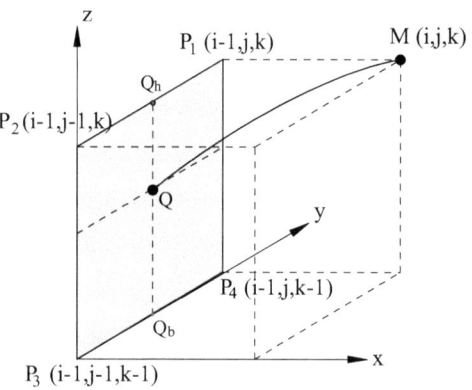

Figure 5.11 - *Illustration schématique de la discrétisation de l'équation de conservation de la charge dans le cas $E_x = max(E_x, E_y, E_z)$.*

Pour calculer la densité de charge au point Q, nous avons utilisé dans une première phase, le même schéma que celui présenté dans le cas du problème bi-dimensionnel: une interpolation linéaire entre les valeurs de $m = 1/\rho$ aux nœuds P_1, P_2, P_3 et P_4. Cependant, cette méthode conduit à des approximations beaucoup trop grossières de la solution. En effet les « solutions » obtenues ne satisfont pas la conservation du courant: le courant $I(y)$ traversant un plan y = constant décroît fortement en fonction de y. Par exemple, la valeur de $I(d)$ sur la plaque collectrice n'est que 10% à 15% de $I(y_{pointe})$ valeur du courant injecté par la pointe, ceci même pour des maillages très serrés (plus de 250000 nœuds). Après plusieurs essais, nous avons opté pour une interpolation directe sur ρ qui conduit à des résultats beaucoup plus satisfaisants (variation d'environ 10% de $I(y)$ entre l'injecteur et le collecteur).

La valeur de la densité de charge au point Q est obtenue par interpolation linéaire entre les valeurs de ρ en Q_h et Q_b qui sont données par les expressions suivantes:

$$\frac{\rho_{Q_h} - \rho_{P_1}}{\rho_{P_2} - \rho_{P_1}} = \frac{E_y}{E_x} = A \quad \text{et} \quad \frac{\rho_{Q_b} - \rho_{P_4}}{\rho_{P_3} - \rho_{P_4}} = \frac{E_y}{E_x} = A, \quad (5.25)$$

d'où on obtient:

$$\rho_{Q_h} = (1-A)\cdot \rho_{P_1} + A\cdot \rho_{P_2} \quad \text{et} \quad \rho_{Q_b} = (1-A)\cdot \rho_{P_4} + A\cdot \rho_{P_3}. \quad (5.26)$$

La densité de charge d'espace $\rho(Q)$ est:

$$\frac{\rho_Q - \rho_{Q_h}}{\rho_{Q_b} - \rho_{Q_h}} = \frac{E_z}{E_x} = B \quad (5.27)$$

En remplaçant les expressions (5.25) dans (5.26) on obtient:

$$\rho_Q = (1 - A - B + A\cdot B)\cdot \rho_{i-1,j,k} + A\cdot (1-B)\cdot \rho_{i-1,j-1,k} + \\ B\cdot (1-A)\cdot \rho_{i-1,j,k-1} + A\cdot B\cdot \rho_{i-1,j-1,k-1} \quad (5.28)$$

Pour intégrer le long de la caractéristique on considère la coordonnée curviligne s associée à la trajectoire et la relation (5.24) devient:

$$E\cdot \frac{\partial m}{\partial s} = 1, \quad \text{où} \quad E = \sqrt{E_x^2 + E_y^2 + E_z^2} \quad (5.29)$$

En utilisant (5.29) à l'intérieur du volume élémentaire il résulte:

$$\frac{m_M - m_Q}{\Delta s} = \frac{1}{E} \quad \text{et en tenant compte de } \Delta s^2 = \Delta^2 + \left(\frac{E_y}{E_x}\cdot \Delta\right)^2 + \left(\frac{E_z}{E_x}\cdot \Delta\right)^2 \text{ et}$$

donc

$$\Delta s = \Delta \cdot \frac{E}{E_x} \quad (5.30)$$

et la densité de la charge d'espace au point M est:

$$\frac{1}{\rho_M} = \frac{1}{\rho_Q} + \frac{\Delta}{E_x}. \quad (5.31)$$

En tenant compte de (5.28) on obtient la forme discrète de l'équation de conservation de la charge dans le cas $E_x = max(E_x, E_y, E_z)$:

$$\frac{1}{\rho_{i,j,k}} = \begin{bmatrix} (1 - A - B + A\cdot B)\cdot \rho_{i-1,j,k} + A\cdot (1-B)\cdot \rho_{i-1,j-1,k} + \\ B\cdot (1-A)\cdot \rho_{i-1,j,k-1} + A\cdot B\cdot \rho_{i-1,j-1,k-1} \end{bmatrix}^{-1} \\ + \frac{\Delta}{E_x}. \quad (5.32)$$

Des relations similaires sont obtenues pour les deux autres cas. Si on note $\frac{E_x}{E_y} = A'$, $\frac{E_z}{E_y} = B'$ dans le cas $E_y = max(E_x, E_y, E_z)$ et $\frac{E_x}{E_z} = A''$, $\frac{E_y}{E_z} = B''$ dans le cas $E_z = max(E_x, E_y, E_z)$ on obtient les expressions suivantes:

$$\frac{1}{\rho_{i,j,k}} = \begin{bmatrix} (1 - A' - B' + A' \cdot B') \cdot \rho_{i,j-1,k} + A' \cdot (1 - B') \cdot \rho_{i-1,j-1,k} \\ + B' \cdot (1 - A') \cdot \rho_{i,j-1,k-1} + A' \cdot B' \cdot \rho_{i-1,j-1,k-1} \end{bmatrix}^{-1} + \frac{\Delta}{E_y}, \quad (5.33)$$

$$\frac{1}{\rho_{i,j,k}} = \begin{bmatrix} (1 - A'' - B'' + A'' \cdot B'') \cdot \rho_{i,j,k-1} + A'' \cdot (1 - B'') \cdot \rho_{i-1,j,k-1} \\ + B'' \cdot (1 - A'') \cdot \rho_{i,j-1,k-1} + A'' \cdot B'' \cdot \rho_{i-1,j-1,k-1} \end{bmatrix}^{-1}$$
$$+ \frac{\Delta}{E_z}. \quad (5.34)$$

Concernant les conditions aux limites pour l'équation de conservation de la charge, nous imposons une distribution de densité de charge constante C sur l'arête de la pointe. La densité de charge est alors évaluée pour chaque nœud contenu dans le volume $x > d_{tige} + l_{pointe}$ (en dehors de ce volume $\rho = 0$).

5.4.2.2. Détermination des grandeurs électriques 3-D

Les étapes du calcul sont les mêmes que celles présentées pour le problème *2-D*. On initialise la matrice du potentiel électrique ($\Phi_{i,j,k} = 0$ à l'exception de la surface de la pointe et de la tige) et celle de la charge d'espace ($\rho_{i,j,k} = 10^{-6}$ à l'exception de l'extrémité de la pointe) et on résout l'équation de *Poisson* (5.18) par la méthode de sur-relaxation. Après le calcul du champ électrique, la distribution de la charge d'espace est calculée à chaque nœud du maillage en utilisant les relations (5.32) – (5.34). La solution finale est alors déterminée par approximations successives: la distribution du potentiel étant donnée une nouvelle distribution de charge d'espace ionique est obtenue. Alors la distribution du potentiel est de nouveau évaluée. Environ quinze itérations sont en général suffisantes pour approcher la solution avec une erreur relative entre deux approximations successives inférieure à 10^{-8}. Afin de déterminer la valeur de la densité de charge adimensionnelle C imposée sur l'extrémité de la pointe, la densité de courant j sur la plaque collectrice est calculée et comparée avec celle mesurée expérimentalement. Pour $C = 32$ on obtient alors une distribution moyenne du courant sur l'électrode collectrice égale à 3,8 mA/m² (identique à celle mesurée pour $\Phi_0 = 20$ kV). La figure 5.12 montre les valeurs de la densité moyenne du courant adimensionnel pour divers plans $y = C^{te}$. Nous observons que la conservation du courant est satisfaite de façon raisonnable.

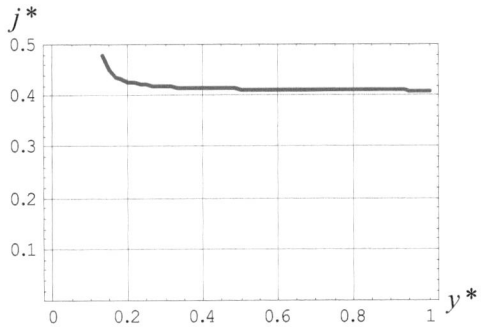

Figure 5.12 - *Variations de la densité moyenne du courant adimensionnel traversant un plan $y = y_0$ en fonction de y_0.*

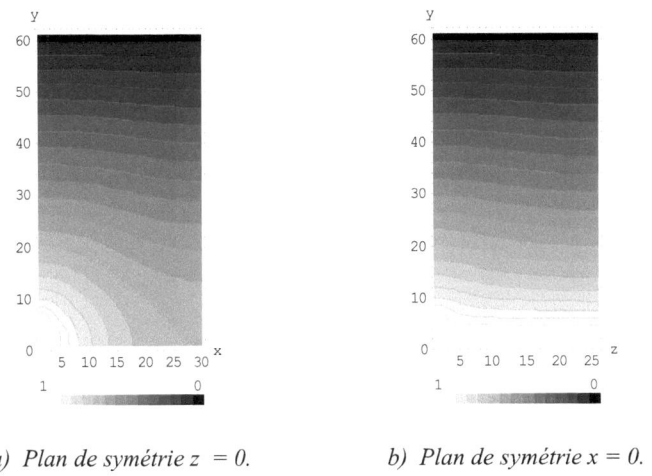

a) Plan de symétrie $z = 0$.   *b) Plan de symétrie $x = 0$.*

Figure 5.13 - *Lignes équipotentielles pour $C = 32$.*

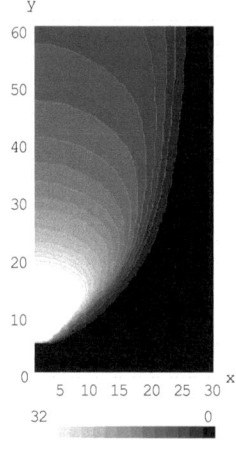 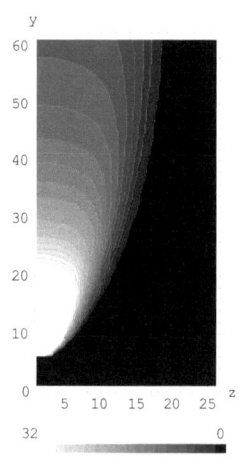

a) *Plan de symétrie* $z = 0$.   b) *Plan de symétrie* $x = 0$.

Figure 5.14 - *Distribution de la charge d'espace pour $C = 32$.*

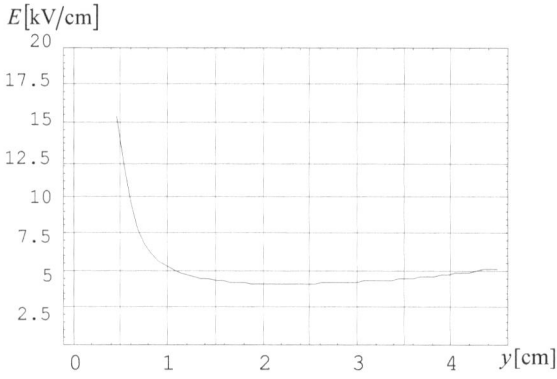

Figure 5.15 - *Variation de l'intensité du champ électrique sur l'axe de symétrie Oy $(x = 0$ et $z = 0)$. $\Phi_0 = 20$ kV et $C = 32$.*

La figure 5.13 présente les lignes équipotentielles pour les plans de symétrie $z = 0$ et $x = 0$ tandis que la figure 5.14 montre la répartition de la charge d'espace ionique dans les mêmes plans ($d_{pointe}{}^* = 0{,}0018$, $l_{pointe}{}^* = 0{,}0048$ et $d_{tige}{}^* = 0{,}0066$).

En examinant la figure 5.14 on observe que l'élargissement de la répartition spatiale de la charge ionique est plus prononcé dans la direction Ox que selon l'axe Oz.

La figure 5.15 présente la variation de l'intensité du champ électrique le long de l'axe de symétrie Oy ($x = 0$ et $z = 0$). Comme nous l'avons vu dans le cas du problème bi-dimensionnel (chapitre 4), la présence de la charge d'espace ionique détermine une augmentation du champ électrique au voisinage de la plaque collectrice. On observe que pour $\Phi_0 = 20\ kV$, l'intensité du champ électrique à la surface de la plaque (~ 5,5 kV/cm) est sensiblement supérieure à la valeur 5 kV/cm obtenue dans la configuration *2-D*.

5.4.2.3. Distribution du courant sur la plaque collectrice

Lorsqu'on représente la distribution du courant électrique reçu par la plaque de collecte on remarque une corrélation précise avec la structure de la couche de particules déposées. La figure 5.16 présente la distribution de la densité de courant adimensionnel à la surface de l'électrode collectrice. Nous observons que les lignes iso-courant forment à la surface de la plaque des courbes en première approximation elliptiques, centrées sur les axes passant par les pointes injectrices. Pour comparaison, la figure 5.17 présente une photographie de la couche de particules déposée sur les plaques collectrices de notre précipitateur pilote.

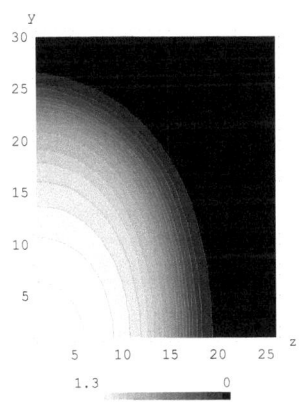
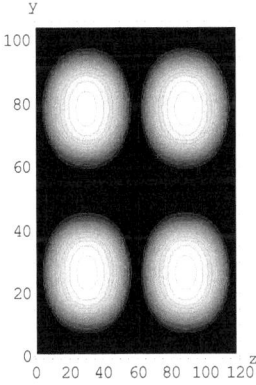

a) le domaine de calcul. *b) 16 domaines de calcul contigus*

Figure 5.16 - *Distribution de la densité de courant adimensionnel sur la plaque collectrice.*

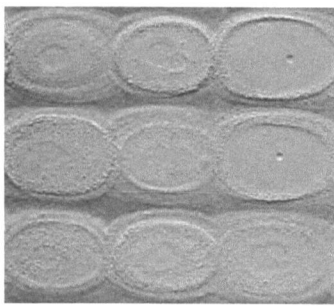

Figure 5.17 - *Photographie du dépôt de poudre sur la plaque collectrice du filtre électrostatique pilote.*

Ces résultats numériques sont confirmés par l'étude expérimentale réalisée par *Blanchard et al.* [73]. Les mesures expérimentales de la distribution du courant sur les plaques collectrices [19,76,69] montrent qu'il existe des zones où le courant électrique est très faible (entre les ellipses) et des régions situées en face des pointes où la densité du courant électrique atteint des valeurs de l'ordre du mA/m².

5.4.3. Trajectoires des particules. Cas tridimensionnel (3-D)

En connaissant les répartitions spatiales tri-dimensionnelles du champ électrique et de la charge d'espace ionique dans le domaine de calcul et en tenant compte de la périodicité des pointes injectrices, nous sommes en mesure de calculer les distributions de $\vec{E}$ et ρ sur toute la longueur du filtre. Nous sommes donc maintenant en possession de toutes les données nécessaires pour simuler les trajectoires des particules qui entrent dans le précipitateur. Afin de pouvoir comparer les résultats obtenus sur la charge des particules pour une répartition 2-D et 3-D du champ et de la charge d'espace, nous considérons ici le même champ de vitesse que celui utilisé dans § 5.2.1.4.

Dans les figures 5.18 et 5.19 nous présentons quelques exemples de trajectoires de particules ayant un diamètre de 0,5 μm entrant dans la cellule convective à des positions différentes. Une première observation qu'on peut faire concerne les petites particules ($d_p = 0,5$ μm) pour lesquelles le mécanisme de charge par diffusion est important et qui ont une position initiale (dans le plan $x = 0$) située dans la zone centrale de la cellule convective. On remarque un comportement analogue à celui illustré dans § 5.2.1.4: malgré le fait que les valeurs de leur charge ne sont pas très différentes de celles des particules qui entrent, par exemple, plus près du plan central, elles sont en général très mal collectées. Par contre, celles qui pénètrent à l'intérieur de la cellule convective dans des régions caractérisées par une densité de charge d'espace importante sont collectées en un temps très court.

Lorsqu'on examine la charge électrique acquise on observe que sa dynamique est différente de ce que nous avons remarqué dans le cas bi-dimensionnel. Les figures 5.18 – 5.21 montrent bien que la charge acquise dépend à la fois de l'intensité du champ électrique local et de la densité de charge d'espace ionique. Assez souvent on observe que lorsque la charge limite par champ q_p^s, caractérisant la position d'une particule à un temps donné, est supérieure à q_p, la charge acquise par la particule reste constante. Ceci s'explique par le fait que la particule passe par une zone où le champ électrique est important mais la densité de charge d'espace est très faible ou nulle (ceci est le cas à proximité des tiges - figure 5.14). Cette observation est très importante car elle montre qu'en fait le processus de charge des particules dépend d'abord de la distribution de charge d'espace ionique. Dans les figures 5.20 et 5.21 on retrouve l'influence de la taille des particules sur la charge acquise: pour les petites particules le mécanisme de charge par diffusion est prédominant tandis que pour celles d'un diamètre supérieur à 1 µm la charge par champ devient prépondérante.

D'une manière générale, les valeurs de la charge électrique accumulée par les particules de même taille sont comparables avec celles obtenues dans le cas *2-D* (§ 5.3.5). Dans les figures 5.18 – 5.20 on remarque aussi certaines discontinuités de la charge limite par champ, particulièrement quand celle-ci enregistre des augmentations très importantes. En fait, ces pics correspondent au passage des particules dans des régions où le champ électrique est très important, comme par exemple au voisinage des pointes ou des tiges. Quelquefois, la valeur de q_p^s devient nulle; ceci correspond en fait au passage de la particule à travers une tige ou une pointe. Notre modèle simplifié d'écoulement ne tient pas compte de la présence des tiges et des pointes et ne peut donc pas simuler leur contournement par les particules. Cependant, ces discontinuités n'influencent pas le processus de charge des particules car ces zones sont caractérisées par une densité de charge d'espace nulle (voir la figure 5.14-b).

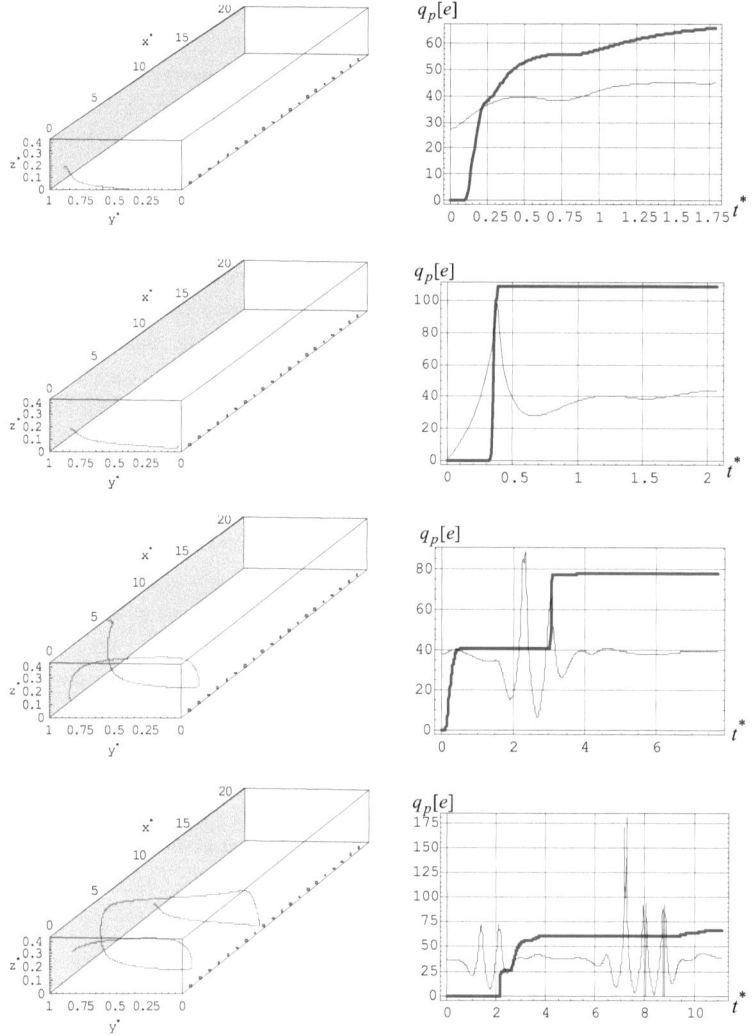

Figure 5.18 - *Trajectoires de particules d'un diamètre d_p = 0,5 μm et évolution de leur charge q_p (courbe épaisse) et de la charge limite par champ q_p^s en fonction du temps adimensionnel (t*) pour différentes positions d'entrée (la charge des particules est exprimée en charges élémentaires). T/M = 100, Φ_0 = 20 kV, C = 32 et $\overline{U}_g$ = 1,3 m/s.*

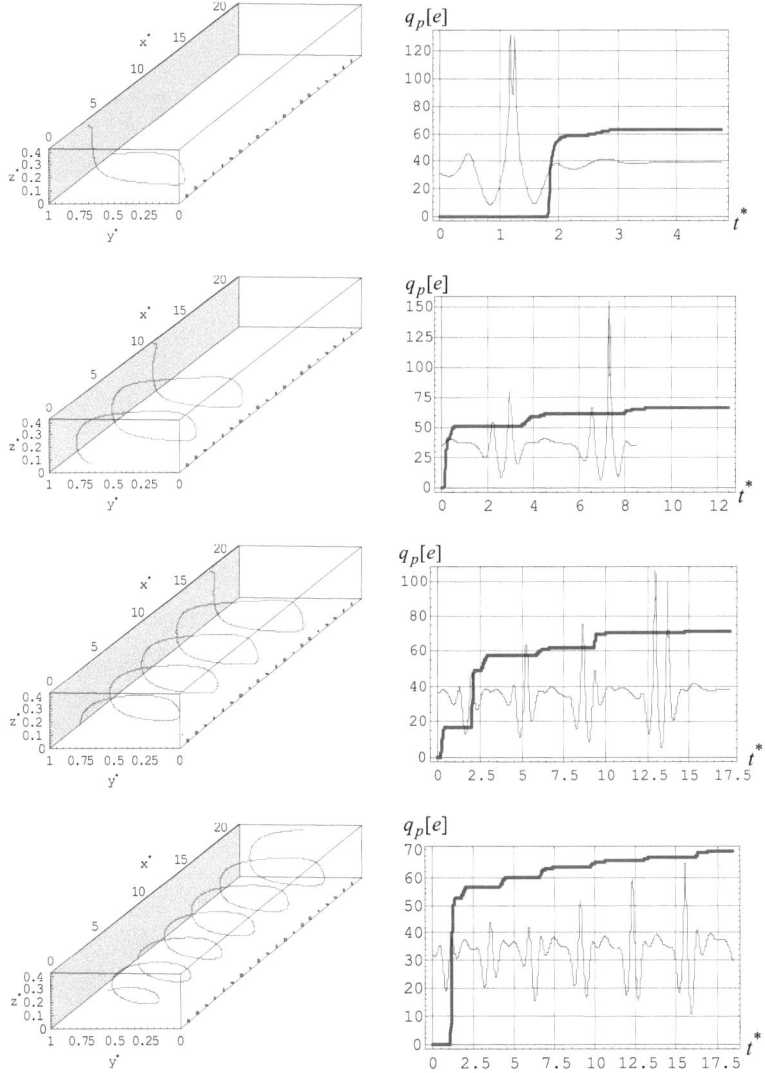

Figure 5.19 - *Trajectoires de particules d'un diamètre d_p = 0,5 μm et évolution de leur charge q_p (courbe épaisse) et de la charge limite par champ q_p^s en fonction du temps adimensionnel (t*) pour différentes positions d'entrée (la charge des particules est exprimée en charges élémentaires).* T/M = 100, Φ_0 = 20 kV, C = 32 et $\overline{U}_g$ = 1,3 m/s.

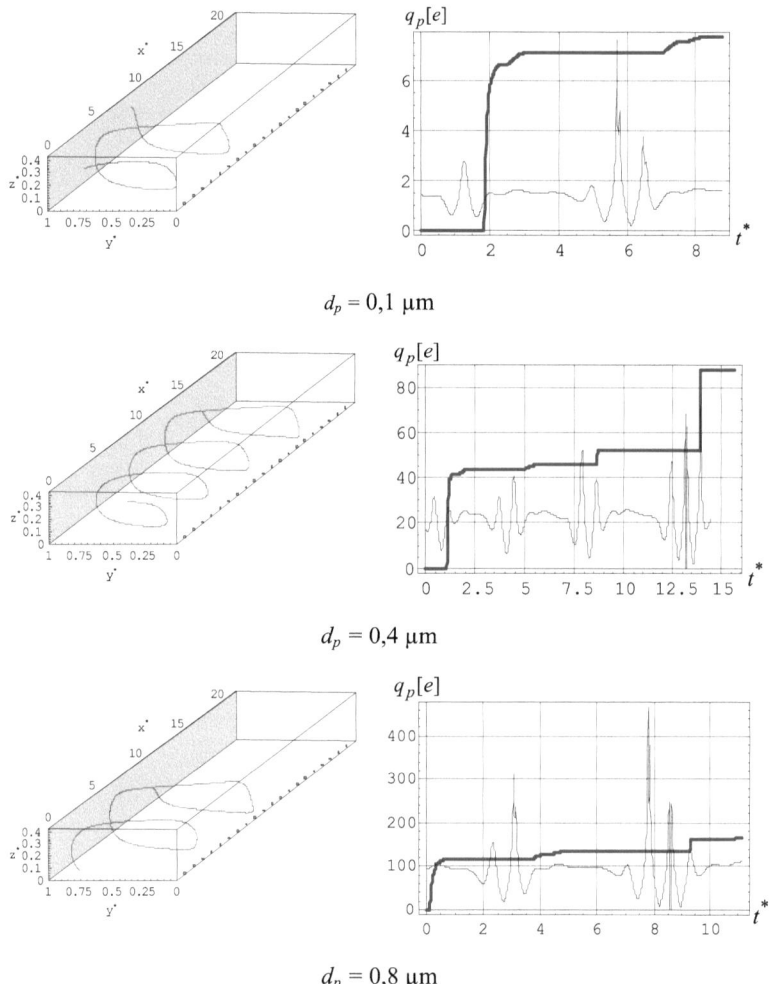

$d_p = 0{,}1$ µm

$d_p = 0{,}4$ µm

$d_p = 0{,}8$ µm

Figure 5.20 - *Trajectoires de particules submicroniques (d_p = 0,1, 0,4 et 0,8 µm) et évolution de leur charge (la courbe épaisse) et de la charge limite par champ en fonction du temps adimensionnel (t*) (la charge des particules est exprimée en charges élémentaires).* $T/M = 100$, $\Phi_0 = 20$ kV, $C = 32$ et $\overline{U}_g = 1{,}3$ m/s.

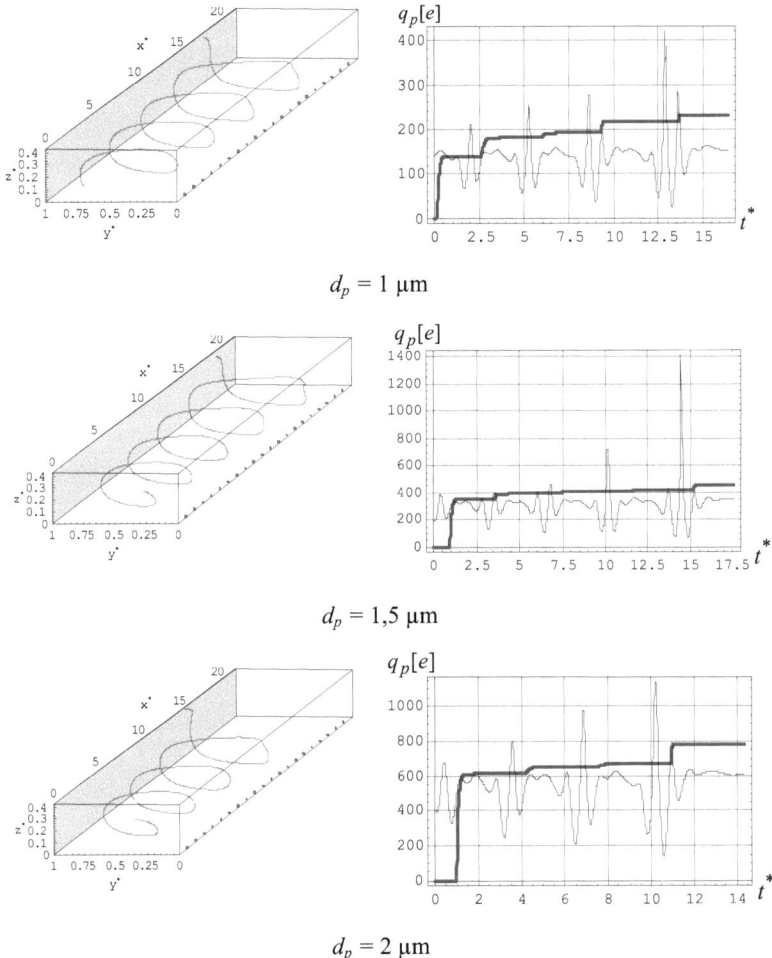

$d_p = 1\ \mu m$

$d_p = 1{,}5\ \mu m$

$d_p = 2\ \mu m$

Figure 5.21 - *Trajectoires de particules (d_p = 1, 1,5 et 2 µm) et évolution de leur charge q_p (courbe épaisse) et de la charge limite par champ q_p^s en fonction du temps adimensionnel (t*) (la charge des particules est exprimée en charges élémentaires). T/M = 100, Φ_0 = 20 kV, C = 32 et $\overline{U}_g$ = 1,3 m/s.*

5.5. Etude statistique de la charge et de la collection des particules

Dans la section 5.2 nous avons examiné l'influence de la distribution de charge des particules sur l'efficacité de collection d'un électrofiltre. Grâce aux modèles présentés dans les sections 5.3 et 5.4 nous pouvons maintenant réaliser une étude statistique concernant la distribution de charge et la collection des particules. Pour ceci on détermine les trajectoires discrètes d'un grand nombre des particules ($\sim 10^5$) qui sont injectées dans une cellule convective. Les positions des particules à l'entrée du filtre ($x = 0$) sont générées aléatoirement par un code de calcul numérique. Ceci permet de calculer la charge électrique de chaque particule et de compter le nombre de particules captées à l'intérieur du filtre. Pour chaque particule collectée on détermine les coordonnées du point de collecte. Aussi, pour les particules qui échappent au processus de précipitation, les coordonnées de la position d'entrée sont identifiées. Cette étude statistique a été réalisée pour plusieurs taille des particules dans le cas du précipitateur simplifié (électrodes d'ionisation sous forme de lame, donc distributions 2-D du champ électrique et de la charge d'espace) ainsi que pour la configuration réelle tri-dimensionnelle du filtre.

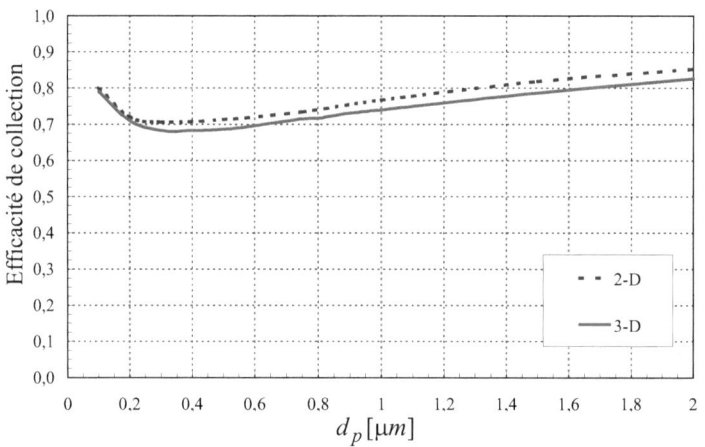

Figure 5.22 - *Efficacité de filtration calculée pour les distributions 2-D et 3-D du champ électrique et de la charge d'espace ionique. $T/M = 100$, $\Phi_0 = 20\ kV$, $C = 2,5$ pour 2-D et 32 pour 3-D donnant la même densité moyenne de courant, vitesse moyenne d'écoulement gazeux $\overline{U}_g = 1,3\ m/s$.*

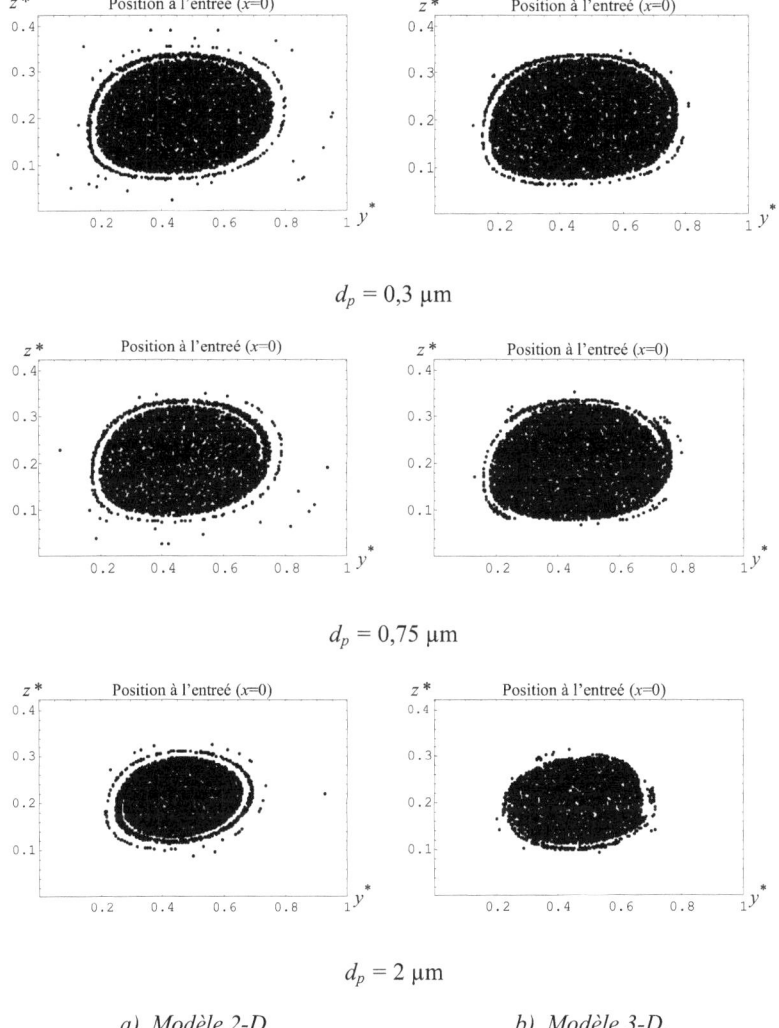

$d_p = 0,3$ μm

$d_p = 0,75$ μm

$d_p = 2$ μm

a) Modèle 2-D.   b) Modèle 3-D.

Figure 5.23 - *Positions dans le plan Oyz à l'entrée (x = 0) du filtre des particules non collectées. T/M = 100, Φ_0 = 20 kV, C = 2,5 pour 2-D et 32 pour 3-D, vitesse moyenne d'écoulement gazeux $\overline{U}_g$ = 1,3 m/s.*

5.5.1. Efficacité de collection. Positions des particules à l'entrée du précipitateur

Pour comparer les résultats obtenus pour les deux configurations du précipitateur considérées, nous présentons dans la figure 5.22 les courbes du rendement correspondant à chaque cas. On remarque que l'efficacité de filtration obtenue pour une répartition tri-dimensionnelle du champ électrique et de la charge d'espace ionique est légèrement inférieure à celle calculée dans le cas du modèle *2-D*. Cependant, la différence existant entre les deux résultats n'est pas très importante et peut être attribuée principalement aux modulations selon l'axe *Ox* des distributions du champ électrique et de la charge d'espace ionique (voir 5.3.3).

On observe que les trajectoires des particules sont des hélices dont l'amplitude de giration augmente avec la coordonnée *x*. Néanmoins, plus les positions initiales des particules sont proches du centre de la cellule, plus les particules pénètrent loin dans le précipitateur, certaines échappant à la collection (figures 5.18 – 5.21).

La figure 5.23 présente les positions à l'entrée du filtre (plan *Oyz* à *x* = 0) des particules qui ne sont pas collectées. En examinant la figure 5.23 on remarque que l'augmentation du diamètre d_p a comme effet la diminution de la surface de la région correspondant aux positions d'entrée des particules car, plus le diamètre d_p augmente, plus le rayon de giration croît rapidement avec *x* et plus la probabilité de collection de la particule augmente.

Ces observations sont en accord avec les résultats d'une étude théorique effectuée par *Larsen et al.* [46] concernant l'influence du mouvement secondaire du gaz sur l'efficacité de collection. Les auteurs ont adapté le modèle de *Leonard et al.* (voir chapitre 1) en considérant pour le champ de vitesse du gaz la superposition du mouvement secondaire et de l'écoulement principal. Le mouvement secondaire est supposé avoir une forme de rouleaux longitudinaux avec les composantes de la vitesse *v* (selon *Oy*) et *w* (selon *Oz*). Le profil de vitesse de l'écoulement principal est considéré plat tandis que le champ électrique est supposé uniforme. La concentration *c* des particules en un point à l'intérieur de la cellule convective est obtenue alors en intégrant l'équation suivante [46] :

$$\overline{U}_g \frac{\partial c}{\partial x} + (v + v_E) \cdot \frac{\partial c}{\partial y} + w \cdot \frac{\partial c}{\partial z} = D_t \cdot \left(\frac{\partial^2 c}{\partial y^2} + \frac{\partial^2 c}{\partial z^2} \right), \tag{5.34}$$

où v_E est la vitesse des particules selon *Oy* due au champ électrique et D_t est la diffusivité turbulente considérée uniforme et isotrope. Les résultats montrent qu'une intensification du mouvement secondaire (v/v_E de 0,5 à 2,5) conduit à une baisse de l'efficacité de filtration. Ces auteurs ont mis en évidence l'existence d'une zone de piégeage ; les particules qui pénètrent à l'intérieur du filtre dans cette région échappent en général au processus de précipitation. A la sortie du filtre la concentration des particules dans cette région est beaucoup plus importante. Notre étude lagrangienne confirme qualitativement les conclusions de *Larsen et al.* mais montre qu'il n'y a pas véritablement piégeage: si on augmente la longueur du filtre, les zones d'entrée des particules non collectées (voir figure 5.23) ont une taille qui diminue.

5.5.2. Collection des particules. Distribution de charge

Afin d'examiner plus en détail le processus de précipitation au sein d'une cellule, nous calculons la probabilité qu'une particule soit collectée à une certaine position (x,z) sur la plaque collectrice. En utilisant les modèles numériques présentés précédemment nous déterminons les coordonnées du point de collection pour chaque particule captée. La probabilité p qu'une particule soit collectée à une coordonnée située entre x_i et $x_i+\Delta x_i$ s'écrit:

$$p = P(x_i) \cdot \Delta x_i, \tag{5.35}$$

où $P(x_i)$ représente la densité de probabilité donnée par la relation suivante:

$$P(x_i) = \lim_{n \to \infty} \frac{N_i}{\sum_{i=1}^{n} N_i} \cdot \frac{1}{\Delta x_i} \tag{5.36}$$

Ici N_i est le nombre de particules collectées dans l'intervalle i et n est le nombre total d'intervalles considérés.

En examinant la figure 5.24 on observe que pour le modèle simplifié du précipitateur (électrodes ionisantes sous forme de lames horizontales) les particules sont en majorité collectées au début du filtre, indépendamment de leur taille (voir la dépendance de p en fonction de x^*). La valeur maximale de p correspond donc à l'entrée du précipitateur. Ceci s'explique par la collection très rapide des particules dont les positions initiales (à $x = 0$) sont situées dans la zone qui se trouve au voisinage de la paroi. Cette région est caractérisée par une très faible composante axiale de la vitesse du gaz (voir figure 5.2.a), par un champ électrique d'environ 5 kV/cm (voir la figure 4.15) et une densité de charge d'espace non négligeable (voir figure 4.14). Il résulte donc qu'en l'absence d'une composante axiale importante de vitesse, les particules ne sont pas entraînées dans la direction Ox; elles se chargent et sous l'influence du champ électrique sont dirigées vers la plaque collectrice. On observe de plus que la collection de particules selon la coordonnée Ox n'est pas un processus très régulier; il existe plusieurs pics parmi lesquels les deux situés dans le premier quart du filtre.

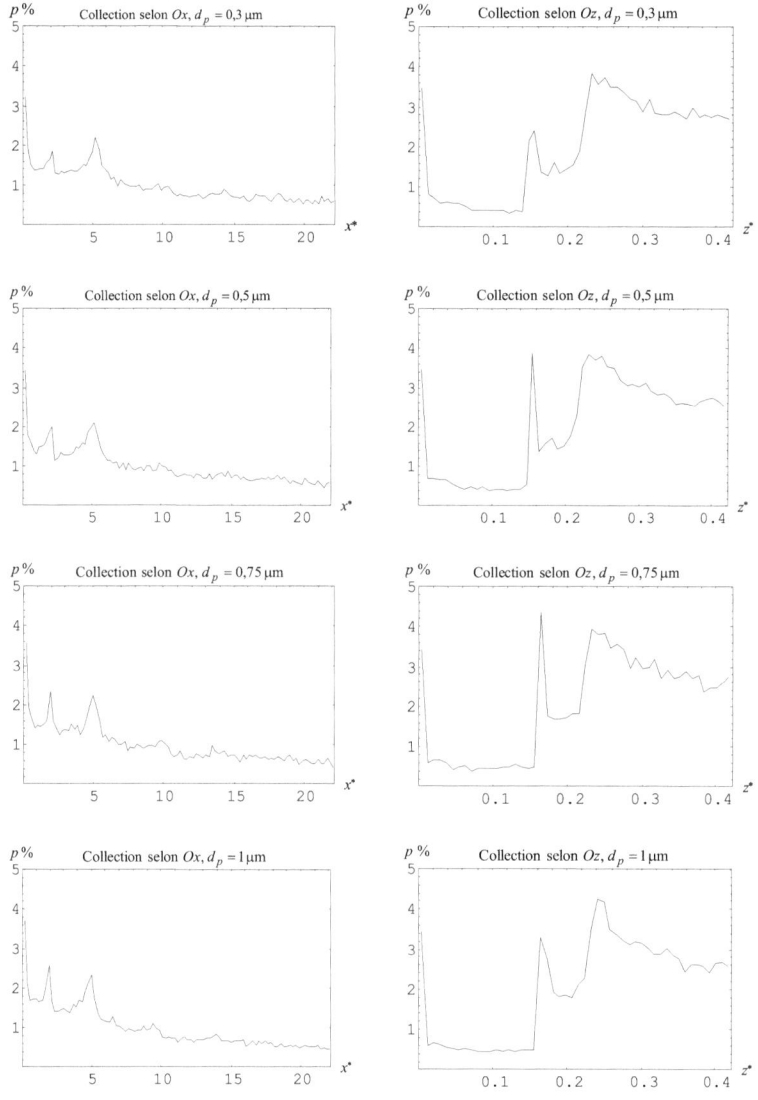

Figure 5.24 - *Variations de la probabilité de collection p en fonction des coordonnées adimensionnelles x* et z* pour une distribution 2-D du champ électrique et de la charge d'espace ionique. T/M = 100, Φ_0 = 20 kV, C = 2,5 et $\overline{U}_g$ = 1,3 m/s.*

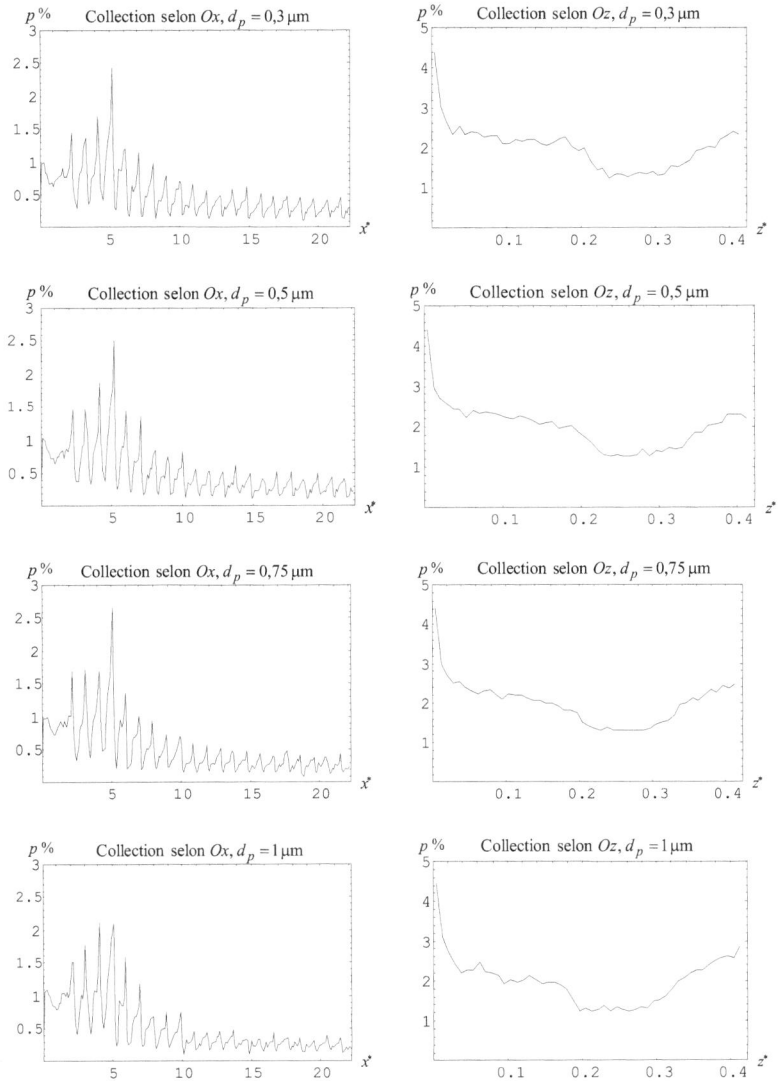

Figure 5.25 - *Variations de la probabilité de collection p en fonction des coordonnées adimensionnelles x^* et z^* pour une distribution 3-D du champ électrique et de la charge d'espace ionique. $T/M = 100$, $\Phi_0 = 20$ kV, $C = 32$ et $\overline{U}_g = 1{,}3$ m/s.*

Concernant la collection des particules selon la direction Oz, la figure 5.24 montre qu'il existe une probabilité de collection plus forte dans la partie supérieure de la cellule ($z > s/4$). On observe aussi que la taille des particules n'influence pas d'une façon importante les positions de collecte selon z. La valeur de p, très élevée de pour $z^* = 0$, peut être aussi expliquée par la captation très rapide des particules qui entrent au voisinage de la paroi. Ensuite, on remarque une zone caractérisée par une très faible probabilité de collection qui est suivie par un pic très prononcé, surtout pour $d_p = 0,5$ et $0,75$ μm.

Dans le cas d'une distribution tri-dimensionnelle du champ électrique et de la charge d'espace ionique (figure 5.25), les résultats obtenus sont très différents de ceux présentés sur la figure 5.24. On observe que la collection selon l'axe Ox est beaucoup plus irrégulière. On distingue de nombreux pics dont la position est corrélée avec les positions des pointes injectrices. Ainsi, on retrouve pour la collecte la modulation périodique de l'intensité du champ électrique et de la densité de charge d'espace ionique. La figure 5.25 montre aussi que la zone d'entrée du filtre est caractérisée, cette fois-ci, par une moindre probabilité de collection.

Selon la direction Oz, la probabilité de collection est maximale en $z = 0$. Ceci peut être attribué essentiellement au mouvement convectif du gaz et au champ électrique plus élevé sur la plaque de collecte. Cette région est caractérisée par un mouvement secondaire du gaz très vigoureux car ici, la densité de force électrique est très importante. Les particules sont alors entraînées par le fluide et dirigées vers la plaque collectrice. Comme en face de la lame injectrice l'intensité du champ électrique au voisinage de la plaque atteint sa valeur maximale, les particules chargées subissent alors une force électrique plus importante, ce qui facilite le processus de collection. A l'exception de cette zone, la probabilité de collection a une variation limitée; on remarque un minimum assez plat pour $z^* \cong 0,25$. La figure 5.25 montre aussi que ces résultats sont peu influencés par la taille des particules.

Les figures 5.26 et 5.27 présentent les distributions de charge pour les particules collectées et non collectées dans le cas d'une répartition bi-dimensionnelle du champ électrique et de la charge d'espace ionique. En examinant ces figures on observe que les distributions de q_p (exprimée en charges élémentaires) ont tendance à s'élargir lorsque le diamètre des particules augmente. Pour un diamètre des particules collectées supérieur à 0,5 μm, on remarque un minimum marqué pour une valeur de la charge qui coïncide avec la valeur centrale des distributions de q_p pour les particules non collectées. Pour $d_p = 2$ μm le creux disparaît.

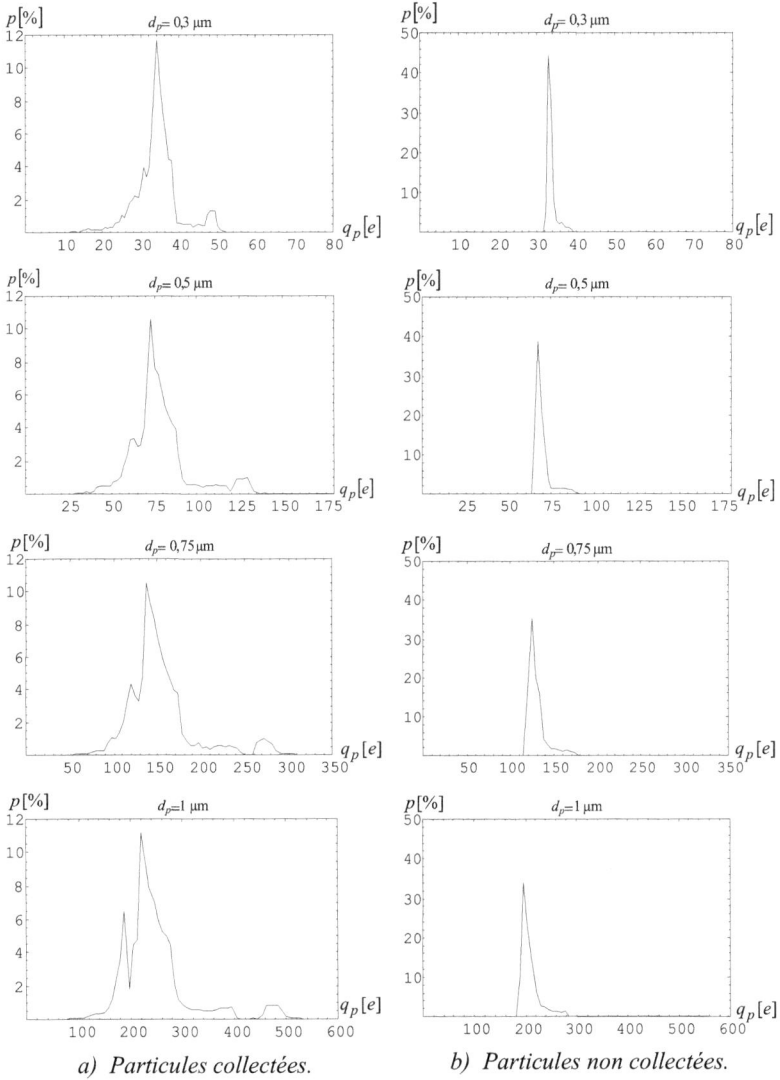

a) Particules collectées.   b) Particules non collectées.

Figure 5.26 - *Probabilité p de la charge des particules collectées pour une distribution 2-D du champ électrique et de la charge d'espace ionique. T/M = 100, $\Phi 0$ = 20 kV, C = 2,5 et $\overline{U}_g$ = 1,3 m/s.*

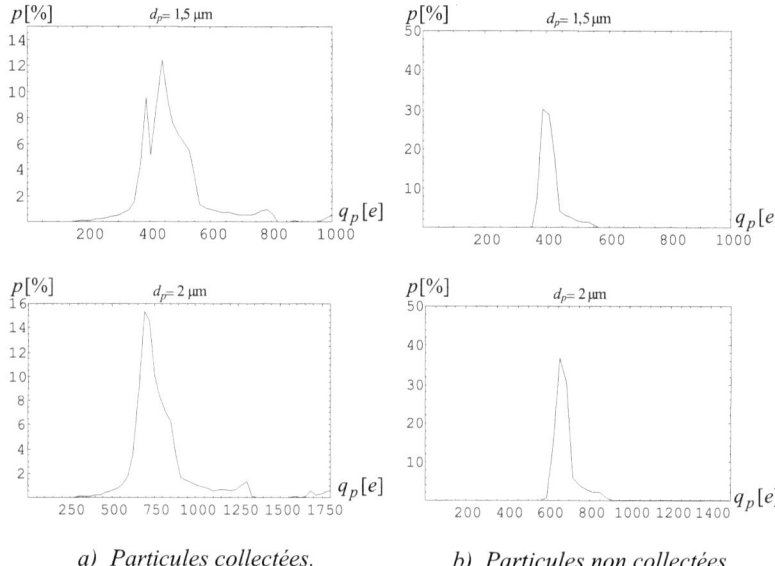

a) Particules collectées.   b) Particules non collectées.

Figure 5.27 - *Probabilité p de la charge des particules collectées pour une distribution 2-D du champ électrique et de la charge d'espace ionique. T/M = 100, Φ_0 = 20 kV, C = 2,5 et $\overline{U}_g$ = 1,3 m/s.*

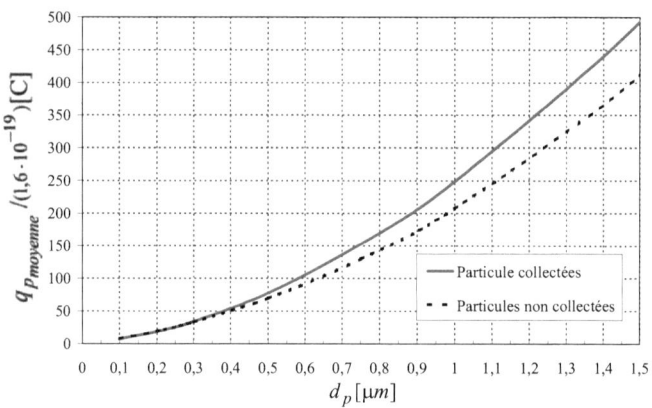

Figure 5.28 - *Variations de la charge moyenne des particules collectées et non collectées pour une distribution 2-D du champ électrique et de la charge d'espace ionique. T/M = 100, Φ_0 = 20 kV, C = 2,5 et $\overline{U}_g$ = 1,3 m/s.*

La figure 5.28 présente la variation de la charge moyenne des particules en fonction du diamètre d_p. On observe que la charge acquise par les particules collectées est un peu plus grande que celle des particules qui échappent au processus de collection. Pour les particules d'une taille plus fine cette différence devient très faible.

Les courbes présentées dans les figures 5.29 et 5.30 montrent que l'aspect des distributions de charge discutées plus haut ne sont pas spécifiques seulement à une répartition 2-D du champ électrique et de la charge d'espace ionique. Dans cette situation (3-D) le creux apparaît pour des tailles de particules plus fines et à partir de $d_p = 0,75$ µm il disparaît. On observe que dans ce cas les distributions de charge sont moins étalées et que la largeur (écart type) diminue avec la taille des particules. Sur la figure 5.31 on observe qu'il existe un écart entre la charge moyenne des particules collectées et celle des particules qui sortent du précipitateur. On remarque aussi que les différences entre les courbes tracées dans les figures 5.28 et 5.31 sont très faibles ce qui indique que, malgré la dynamique différente du processus de charge correspondant aux cas 2-D et 3-D, (voir les figures 5.5, 5.6, 5.19 et 5.20) la chargemoyenne acquise par les particules est pratiquement identique. Le fait que les distributions 2-D et 3-D du champ et de la charge d'espace ionique conduisent à des valeurs presque identiques de la charge moyenne des particules ne doit pas faire oublier que ces résultats ont une valeur plus qualitative que vraiment quantitative. En effet, les valeurs calculées peuvent être différentes des valeurs réelles. Il faut garder à l'esprit que dans nos modèles, nous avons considéré des hypothèses simplificatrices qui peuvent avoir une influence très importante sur les valeurs de la charge réelle. Pour simuler les trajectoires des particules dans le cas de distributions tri-dimensionnelles du champ électrique et de la charge d'espace ionique, nous avons considéré le même champ de vitesse utilisé en 2-D. Nous avons donc négligé la modulation du mouvement gazeux secondaire selon le direction Ox. Ceci peut avoir des conséquences importantes sur la charge q_p car les particules peuvent être amenées dans les zones très proches des pointes injectrices où la densité de charge d'espace et l'intensité du champ électrique sont très élevées. Une autre simplification consiste à négliger la turbulence à petite échelle; celle-ci influence le mouvement des très fines particules (inférieures à 0,5 µm) ce qui peut changer la valeur de leur charge électrique.

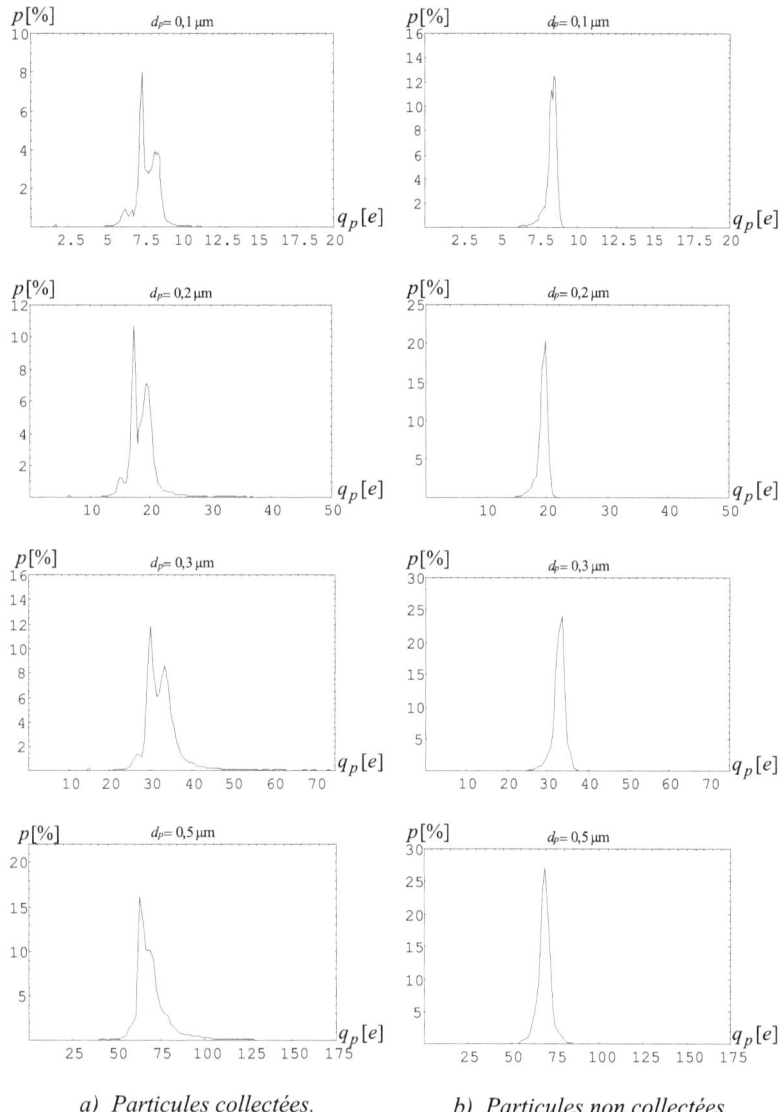

a) *Particules collectées.* b) *Particules non collectées.*

Figure 5.29 - *Probabilité p de la charge des particules collectées pour une distribution 3-D du champ électrique et de la charge d'espace ionique. T/M = 100, Φ_0 = 20 kV, C = 32 et vitesse moyenne d'écoulement gazeux $\overline{U}_g$ = 1,3 m/s.*

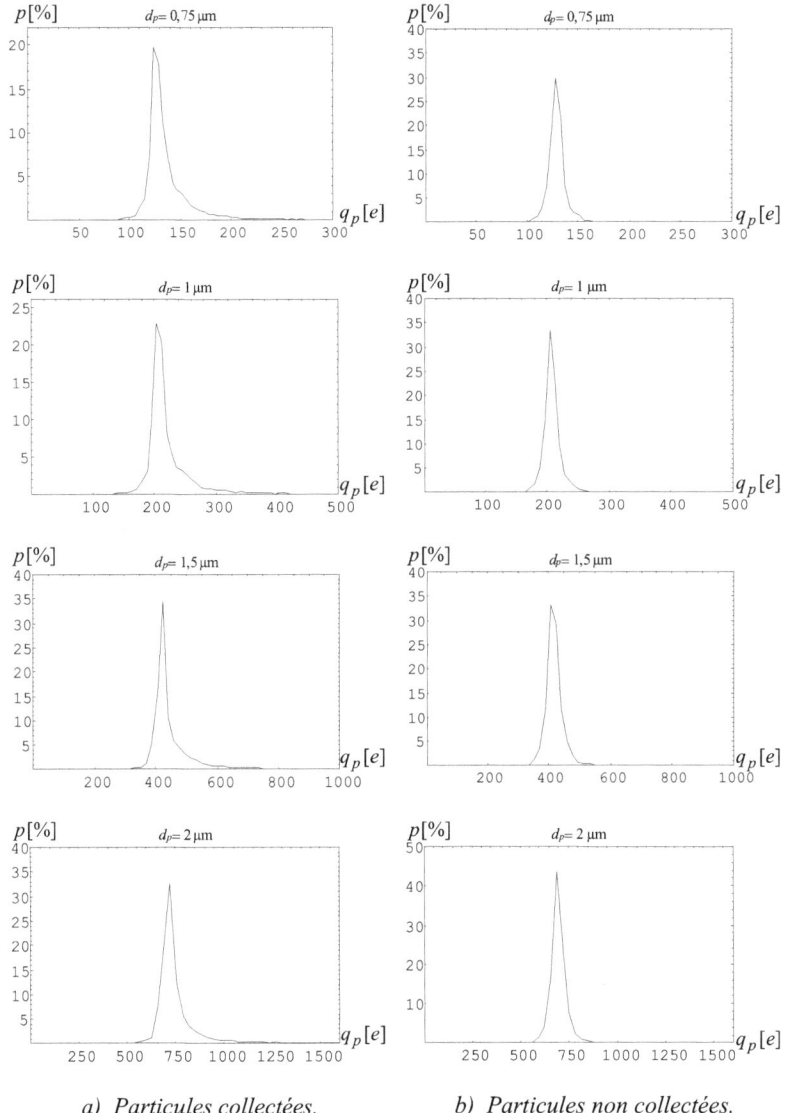

a) *Particules collectées.*   b) *Particules non collectées.*

Figure 5.30 - *Probabilité p de la charge des particules collectées pour une distribution 3-D du champ électrique et de la charge d'espace ionique. T/M = 100, Φ_0 = 20 kV, C = 32 et vitesse moyenne d'écoulement gazeux $\overline{U}_g$ = 1,3 m/s.*

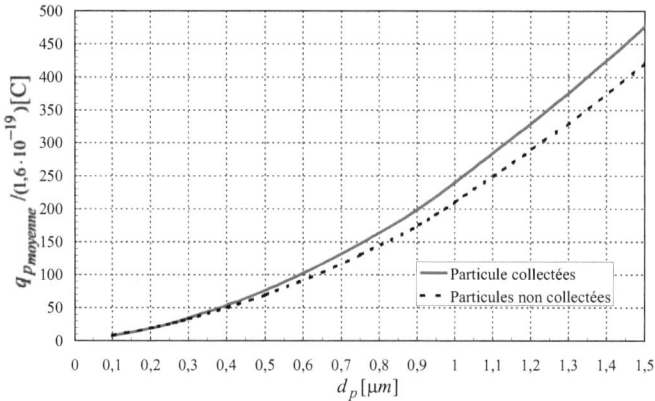

Figure 5.31 - *Variations de la charge moyenne des particules collectées et non collectées pour une distribution 3-D du champ électrique et de la charge d'espace ionique. T/M = 100, Φ_0 = 20 kV, C = 32 et $\overline{U}_g$ = 1,3 m/s.*

5.5.3. Discussion des estimations expérimentales de la charge moyenne des particules

Grâce aux modèles numériques de simulation des trajectoires des particules dans un précipitateur électrostatique, nous disposons maintenant de résultats théoriques sur les distributions de charge des particules monodispersées. Ceux-ci nous ont permis de déterminer la charge moyenne des particules d'une taille donnée (voir les figures 5.28 et 5.31). Nous sommes donc en mesure de comparer ces résultats avec les valeurs de la charge moyenne déduites à partir de la vitesse de migration w_E (chapitre 3). La figure 5.32 présente l'ensemble des résultats obtenus sur la charge des particules. On remarque la différence notable entre les estimations de la charge moyenne des particules à partir de w_E et les valeurs théoriques calculées en utilisant les modèles numériques *2-D* et *3-D*; les valeurs expérimentales sont supérieures de 30% à 60% aux estimations théoriques. Nous tentons donc de trouver une explication pour cet écart important.

Lors des estimations de la vitesse de migration présentées dans le chapitre 3, nous avons vu que les courbes d'efficacité de collection réalisées dans diverses conditions expérimentales sont caractérisées par des fluctuations statistiques. Cependant, ces indéterminations sur les valeurs de la vitesse de migration ne peuvent pas expliquer les différences importantes observées dans la figure 5.32. Naturellement il existe deux possibilités: soit les valeurs théoriques obtenues à l'aide des modèles numériques sont trop faibles, soit les estimations expérimentales conduisent à une surévaluation de la charge q_p.

Concernant les résultats théoriques, on peut s'interroger d'abord sur la validité du modèle de charge utilisé. Nous avons vu que le modèle de *Lawless* (voir § 5.3.1.3) prend en compte les deux mécanismes de charge: par champ et par diffusion. D'une manière générale, la loi de charge par champ possède des bases théoriques très solides et plusieurs études ont montré qu'elle offre une bonne précision [1,26]. Par contre, intégrer le mécanisme de charge par diffusion dans un modèle complet de charge est plus difficile. Comme dans notre cas les diamètres des particules ne sont pas inférieurs à 0,35 µm, la charge par diffusion ne joue pas un rôle dominant.

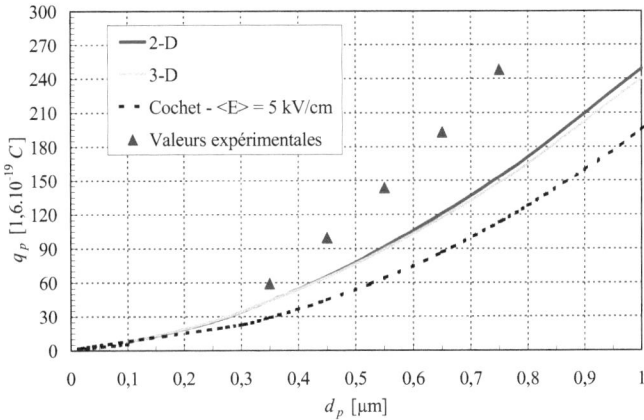

Figure 5.32 - *Valeurs expérimentales et théoriques de la charge moyenne des particules collectées pour une distribution 3-D du champ électrique et de la charge d'espace ionique. T/M = 100, Φ_0 = 20 kV, C = 32 et $\overline{U}_g$ = 1,3 m/s.*

Deuxièmement, on peut aussi s'interroger sur le modèle de l'écoulement gazeux considéré lors des simulations des trajectoires des particules. Pour simplifier nos calculs nous avons considéré un champ de vitesse invariant selon la direction axiale *Ox*; or pour la configuration réelle du précipitateur, il faudrait tenir compte de la modulation de l'écoulement secondaire selon l'axe *Ox*. Pour une distribution tri-dimensionnelle du champ électrique et de la charge d'espace ionique, dans les régions proches des pointes injectrices il existe une très forte densité de force de *Coulomb*. Ceci peut conduire à une accélération du mouvement secondaire du gaz qui peut avoir comme conséquence l'augmentation du nombre de particules qui passent dans les zones caractérisées par un champ électrique très intense et une densité de charge d'espace très forte. La charge moyenne des particules peut alors augmenter et les distributions de charge s'élargir.

Dans nos modèles nous n'avons pas tenu compte de la turbulence du gaz à petite échelle. Seulement le mouvement secondaire à l'échelle d a été pris en compte. De plus, pour simuler les trajectoires des particules nous avons négligé la phase d'accélération des particules ce qui a conduit finalement à des équations du mouvement simplifiées. Comme nous l'avons montré, cette dernière approximation reste valable pour des particules inférieures à quelques microns. Malgré toutes ces approches, il est vraisemblable qu'un autre modèle plus complexe ne conduit pas à des valeurs de charge moyenne égales à celles obtenues expérimentalement.

Il semblerait donc que les valeurs expérimentales de la charge représentent des bornes supérieures; on a donc surévalué la charge des particules. La cause essentielle de cette surévaluation peut être principalement attribuée au modèle de précipitation utilisé pour déduire les valeurs de w_E. En effet, nous avons utilisé le modèle de *Leonard et al.* sans tenir compte de l'écoulement secondaire du gaz, en ramenant l'effet de la turbulence à une diffusivité turbulente, approximation qui est valable pour le mouvement turbulent à petite échelle. Par contre, dans les modèles numériques nous avons négligé D_t et seulement l'influence du mouvement secondaire à l'échelle d a été considéré. Ceci peut donc expliquer la différence entre les courbes théoriques et les valeurs expérimentales obtenues.

Conclusion

Malgré le nombre impressionnant d'études développées dans le domaine de la précipitation électrostatique, nous avons constaté qu'il existe un manque de connaissances sur le processus de captation des particules d'une taille inférieure à 1 µm. Partant de cette observation, nous nous sommes donc proposés d'apporter une contribution au sujet de la collection des particules submicroniques dans les dépoussiéreurs électrostatiques.

D'une manière générale, la faible efficacité de collection des particules de diamètre compris entre 0,1 et 1 µm s'explique par la mobilité réduite de ces particules. Nous nous sommes donc intéressé à l'estimation expérimentale de cette mobilité en partant de mesures d'efficacité fractionnaire sur notre filtre électrostatique pilote. Comme nous l'avons vu, ceci revient en fait à déterminer la vitesse de migration des particules w_E. Si jusqu'à présent, les chercheurs dans le domaine de la précipitation électrostatique se contentaient de calculer une vitesse effective de migration à partir du modèle de *Deutsch*, qui représente en fait une moyenne sur la taille et la charge des particules, dans ce travail nous avons estimé w_E pour plusieurs classes granulométriques de particules.

Cette étude a nécessité la réalisation d'un électrofiltre de construction particulière contenant une première partie destinée à charger les particules et une deuxième zone où le champ électrique de précipitation est uniforme. En effet, dans cette deuxième partie du précipitateur nous avons mesuré l'efficacité fractionnaire de collection. En nous appuyant sur le modèle de *Leonard et al.*, le plus complet mais le plus complexe parmi les modèles analytiques, nous avons déterminé la vitesse de migration des particules dans plusieurs conditions expérimentales. Ainsi, la vitesse de migration des particules submicroniques a été évaluée pour différentes valeurs de la vitesse moyenne du gaz, du potentiel électrique appliqué aux électrodes ionisantes ainsi que pour plusieurs valeurs de l'intensité du champ électrique créé dans la zone de mesure du filtre. Nous avons observé qu'une bonne estimation de w_E implique la connaissance de l'effet de la turbulence sur le transport des particules à l'intérieur du filtre. L'influence de cette turbulence est ramenée dans le modèle de *Leonard et al.* à une diffusivité turbulente D_t. Déduire les valeurs de w_E a donc nécessité une évaluation de D_t en utilisant un critère de linéarité de la variation de la vitesse de migration en fonction du champ électrique de séparation. Dans le cas de notre précipitateur, ce critère nous a conduit finalement à un ordre de grandeur du coefficient de diffusion turbulente d'environ 10^{-3} m²/s. Cependant, dans cette étude nous n'avons pas observé un effet clair de la vitesse moyenne du gaz, ni du potentiel électrique appliqué aux électrodes ionisantes sur la valeur de D_t. Ceci reste une question ouverte car la visualisation de l'écoulement du gaz à l'intérieur de notre filtre montre l'influence de ces paramètres.

Avec la valeur retenue de D_t nous avons pu calculer la vitesse de migration des particules. Cette vitesse, qui dépend de la taille des particules, varie de quelques centimètres à quelques dizaines de centimètres par seconde en fonction du champ électrique de précipitation. Les valeurs de w_E nous ont permis ensuite de calculer la mobilité moyenne des particules pour chaque classe granulométrique considérée, ainsi que de déterminer leur charge moyenne. Nous avons observé qu'il existe une différence notable entre les valeurs expérimentales de la charge et celles calculées à partir des modèles théoriques simples. L'interprétation correcte de ces résultats a justifié la partie de modélisation numérique de ce travail.

Un autre résultat présenté ici consiste dans la visualisation globale de l'écoulement gazeux dans le filtre pilote. Il existe en effet dans les précipitateurs électrostatiques des écoulements secondaires du gaz engendrés par le flux d'ions issus de la décharge couronne. Dans notre géométrie de filtre, nous avons montré l'existence de rouleaux convectifs longitudinaux; ces cellules convectives sont caractérisées par des composantes de la vitesse du gaz dans le plan perpendiculaire à l'écoulement principal ayant des valeurs importantes, du même ordre de grandeur que la vitesse moyenne du gaz. De plus, nous avons constaté que, dans une première approximation, la structure de l'écoulement du gaz est invariante selon la cordonnée axiale. Des résultats encore plus intéressants ont été obtenus en examinant à l'aide d'un plan lumineux mince, l'évolution des trajectoires des particules initialement non chargées, injectées par l'intermédiaire d'un tube en verre. Nous avons vu que la section droite, initialement circulaire, de la zone occupée par les particules se déforme très nettement en fonction de la valeur du potentiel électrique appliqué aux électrodes ionisantes. Ces résultats semi-quantitatifs ont conduit à une estimation grossière de la diffusivité turbulente du même ordre de grandeur que celle obtenue en appliquant le critère de linéarité lors du traitement des mesures d'efficacité fractionnaire.

En partant de ces visualisations nous avons développé une modélisation numérique simple de l'écoulement gazeux. Nous avons mis au point un code numérique pour déterminer les répartitions spatiales du champ électrique, de la charge d'espace ionique et du champ de vitesse du gaz. Les résultats essentiels de nos calculs sont cohérents avec les observations expérimentales: les composantes de la vitesse du gaz dans un plan normal à l'écoulement moyen peuvent atteindre des valeurs de l'ordre du mètre par seconde. Ce mouvement secondaire doit donc être pris en compte dans toute description du processus de charge et de captation des particules.

En connaissant le champ de vitesse du gaz et les distributions spatiales du champ électrique et de la charge d'espace ionique nous avons réalisé un modèle numérique pour simuler les trajectoires des particules à l'intérieur d'une cellule convective. Ceci nous a permis de constater que les trajectoires des particules ont le plus souvent la forme d'hélices de diamètre croissant et que l'évolution temporelle de la charge électrique des particules est fortement influencée par le mouvement secondaire du gaz. Dans le cas des distributions bi-dimensionnelle et tri-dimensionnelle du champ électrique et de la charge d'espace ionique, la charge acquise par les particules est en corrélation étroite avec les passages de celles-ci près des électrodes ionisantes. La condition essentielle qui se dégage de cette étude numérique est que les particules se chargent lorsqu'elles « visitent » des zones où la densité de la charge d'espace ionique est importante.

Ces modèles numériques nous ont permis d'aborder une autre question dans le domaine de la précipitation électrostatique, celle concernant la charge et la collection des particules submicroniques. Un résultat essentiel consiste dans le fait qu'il existe une distribution de charge pour les particules de même taille, collectées ou non collectées. Ce résultat est d'autant plus important que nous avons montré, par l'intermédiaire d'un calcul simple, que la largeur de la distribution de charge des particules a une influence notable sur l'efficacité de collection. De plus, nous avons constaté que, en tenant compte du caractère tri-dimensionnel de la distribution de champ électrique, la probabilité de collecte des particules présente selon la direction axiale une structure en forte corrélation avec la périodicité axiale des électrodes ionisantes. Cette étude statistique nous a permis de calculer la charge moyenne des particules. Nous avons observé qu'entre ces résultats numériques et ceux obtenus expérimentalement il existe un écart assez important. Ceci nous a conduit à conclure qu'en fait nous avons vraisemblablement surestimé les valeurs de la vitesse de migration des particules.

A partir des résultats obtenus, la conclusion finale de ce travail est que le modèle de *Leonard* et *al.* n'est pas suffisant pour estimer d'une manière assez précise la vitesse de migration des particules. Ce modèle considère seulement l'effet de la turbulence à petite échelle par l'intermédiaire du coefficient de diffusivité turbulente. Il néglige complètement le mouvement secondaire du gaz à grande échelle. Afin d'affiner le modèle de *Leonard et al.*, dans l'équation de convection-diffusion il faudra donc tenir compte du mouvement secondaire du gaz à l'échelle d. Dans le cas du filtre utilisé dans cette etude, un autre problème concerne l'amortissement de la turbulence dans la zone de mesure; ceci devrait être pris en considération explicitement dans l'estimation de la vitesse de migration.

Ce travail constitue une approche sur la compréhension des phénomènes régissant la collection des particules submicroniques et l'estimation de leur vitesse de migration dans les précipitateurs électrostatiques. Du point de vue expérimental, il serait intéressant d'améliorer la technique de réalisation du mélange air-particules circulant dans l'installation. Une régulation sensible du débit de poudre pourrait assurer une concentration en particules beaucoup plus régulière et constante dans le temps ce qui devrait augmenter la précision des mesures d'efficacité fractionnaire de collection. Afin de mieux comprendre les phénomènes qui sont à la base du processus de charge des particules, une étude concernant l'influence de la géométrie des électrodes ionisantes apparaît nécessaire.

La partie numérique de ce travail peut être aussi développée et perfectionnée. Une première extension posible du code numérique concerne le calcul tri-dimensionnel du champ de vitesse. Dans la résolution des équations de *Navier–Stokes* il faudra alors tenir compte du fait que le terme source dépend des trois composantes du champ électrique. Une autre contribution intéressante peut être constituée par la prise en compte directe de la turbulence à petite échelle.

Bibliographie

[1] Parker K.R., *Electrostatic precipitation*, Chapman & Hall, 1997, pp. 1-24.

[2] Oglesby S. & Nichols G.B., *Electrostatic precipitation*, Marcel Dekker Inc., 1978.

[3] Riehle C., *Basic and theoretical operation of ESPs. Electrostatic precipitation,* Chapman & Hall, London, 1997.

[4] White H.J., *Industrial electrostatic precipitation,* Wesley Publishing Company, Inc., 1963.

[5] Cochet R., Lois de charge des fines particules (submicroniques). Etudes théoriques - Contrôles récents. Spectres de particule. *Colloque Intern. n° 102: "La physique des forces électrostatiques et leurs applications"*, pp. 331-338, CNRS, Paris, 1961.

[6] Cooperman P., A theory for Space-Charge-Limited-Currents with application to Electrical Precipitation, *A.I.E.E. Trans.* 79, I, pp. 47-50, 1960.

[7] Robinson M., Turbulence in Electrostatic Precipitators. A Review of the Research Literature. *Minerals Processing*, pp. 13-17, Mai 1968.

[8] Williams J.C. & Jackson R., The motion of solid particles in an electrostatic precipitator. *Interaction Between Fluid & Particles (Inst. Chem. Engrs.)*, London, pp. 282-288, 1962.

[9] Penney G.W., Weakness in the conventional theory of electrostatic precipitator. *Proceedings of Winter Annual Meeting – American Society of Mechanical Engineers*, 1967.

[10] Riehle C. & Loffler F., The effective migration rate in electrostatic precipitators. *Aerosol Science and Technology*, 16, pp. 1-14, 1992.

[11] Tochon P., *Etude numérique et expérimentale d'electrofiltres industriels*, Thèse de doctorat de l'Université Joseph Fourier - Grenoble 1, 1997.

[12] Tochon P., *Etude théorique d'épurateurs électrostatiques*. Note technique GRETh 95/370, 1995.

[13] Friedlander S.K., Principles of gas-solid separation in dry systems. *Chem. Eng. Prog. Symp.*, Ser. 55, pp. 135-150, 1959.

[14] Leonard G., Mitchner M. & Self S.A., Particle transport in electrostatic precipitators. *Atmospheric environment*. Vol. 14, pp.1289-1299, 1980.

[15] Chassang P. & Minh H.H. *Turbulence*, Institut National Polytechnique, Toulouse, 1982.

[16] Lahjomri C.A., *Simulation électrohydrodynamique du fonctionnement aérodynamique des précipitateurs électrostatiques*. Thèse de doctorat de l'Institut National Polytechnique de Grenoble (INPG), 1987.

[17] Llewelyn R.P., Two analytical solutions to the linear transport diffusion equation for a parallel plate precipitator. *Atmospheric environment*. Vol. 16, N° 12, pp. 2989-2997, 1982.

[18] Self S.A., Khim K.D., Choi D.H. & Leach R., Effect of turbulence on precipitator performance, *Proceedings of the Third International Conference on Electrostatic Precipitation,* Kyoto, pp. 249-264, 1984.

[19] Khim K.D., Effects of non uniformities transport in electrostatic precipitators. Ph. D. Thesis, Stanford University, 1987.

[20] McDonald J.R., *A mathematical model of electrostatic precipitators.* Southern Research Institute, Alabama, EPA report 680022114, 1976.

[21] McDonald J.R., Smith W.B. & Spencer H.W., A mathematical model for calculating electrical conditions in wire-duct electrostatic precipitation devices. *Journal Applied Physics,* 48, 6, pp. 2231-2243, 1978.

[22] Lawless P.A., Numerical solution of Laplace's equation and ion current flow by the use of flux-tube/equipotential relaxation. *1989 IEEE-IAS annual meeting*, San-Diego, pp. 1999-2006, 1-5th oct., 1989.

[23] Lawless P.A. & Altman R.F., ESPM: an advanced electrostatic precipitator model. *IEEE Industry Appl. Soc. 29th annual meeting, Denver*, pp. 1519-1526, 2-5 oct. 1994.

[24] Gooch J.P. & Francis N.L., A theoretically based mathematical model for calculation of electrostatic precipitator performance. *Journal of the Air Pollution Control Ass.*, 25, 2, pp. 108-113, 1975.

[25] Cristina S. & Feliziani M., Calculation of ionised fields in dc electrostatic precipitators in the presence of dust and electric wind. *IEEE Trans. Ind. Appl.*, IA31,(6), pp. 1446-1451, 1995.

[26] Meroth A.M., *Numerical Electrohydrodynamics in Electrostatic Precipitators.* Ph.D. Thesis, Karlsruhe University 1, 1997.

[27] Medlin A.J., *Electrohydrodynamic Modelling of Fine Particle Collection in Electrostatic Precipitators.* Ph. D. Thesis, University of New South Wales, 1998.

[28] Adamiak K., Adaptive approach to finite element modelling of corona fields. *IEEE Trans. Ind. Appl.*, IA30, (2), pp. 387-393, 1994.

[29] Egli W. R. & Grumber R., Computation of the charge density distribution in a 3D electric field. *6th Joint EPS-APS Intern. Conf. on Phys.*, pp. 535-541, 1994.

[30] Houlgreave J.A., Bromley K.S. & Fothergill J.C., A finite element method for modelling 3D field and current distributions in electrostatic precipitators with electrodes of any shape. *Proceedings of 6th International Conference on electrostatic Precipitation*, Budapest, pp. 154-159, 1996.

[31] Goo J.H. & Lee J.W., Monte-Carlo simulation of turbulent deposition of charged particles in a plate-plate electrostatic precipitator. *Aerosol Science and Technology*, 25, (1), pp. 31 – 45, 1996.

[32] Gallimberti I., Gazzani A., Tromboni U., Lami E., Mattachini F. & Trebbi G., Physical simulation of particle migration in ESP. *Proceedings of 6th International Conference on electrostatic Precipitation*, Budapest, pp. 452-459, 1996.

[33] Adamiak K., Simulation of corona in wire-duct electrostatic precipitator by means of boundary element method. *IEEE Trans. Ind. Appl.*, IA30, (2), pp. 381-386, 1994.

[34] Medlin A.J., Fletcher C.A. & Morrow R., An efficient pseudo-transient solution method for monopolar corona with charge advection and diffusion. *Proceedings of 6th International Conference on electrostatic Precipitation*, Budapest, pp. 107-112, 1996.

[35] Atten P., *Etude mathématique du problème du champ électrique affecté par un flux permanent d'ions unipolaires et application à la théorie de la sonde froide*. Thèse d'Etat, Université de Grenoble, 1969.

[36] Domoto G.A. & Lean M.H., Charge transport in a fluid with electrostatic cross-field modulation. *IEEE Trans. Magnetics*, MAG-21, (6), pp. 2332-2335, 1985.

[37] Igarashi H., A boundary element analysis of space charge fields in a corona device. *IEEE Trans. Magnetics*, 29, (2), 1993.

[38] Lean M.H. & Domoto G.A., Charge transport in viscous vortex flows. *Journal Appl. Physics*, 61, (8), pp. 3931-3933, 1987.

[39] Kallio G.A. & Stock D.E., Flow visualisation inside a wire-plate electrostatic precipitator. *IEEE Trans. Ind. Appl.*, Vol. IA26, N° 3, pp. 503-514, 1990.

[40] Bernstein S. & Crowe C.T., Interaction between electrostatics and fluid dynamics in electrostatic precipitators. *Environmental International*, 6, pp. 181-189, 1981.

[41] Lami E., Mattachini F. & Sala R., Modelling of particles deposition on the collecting plates of electrostatic precipitators. *Proceedings of 6th International Conference on electrostatic Precipitation*, Budapest, pp. 160-165, 1996.

[42] Yamamoto T. & Sparks L.E., Numerical simulation of three-dimensional tuft corona and electrohydrodynamics. *IEEE Trans. Ind. Appl.*, IA-22, (5), pp. 880-885, 1986.

[43] Yamamoto T. & Velkoff H.R., Electrohydrodynamics in an electrostatic precipitator. *J. Fluid Mech.*, 108, pp. 1-18, 1981.

[44] Yabe A., Mori Y. & Hijikata K., EHD study of corona wire between wire and plate electrodes. *AIAA Journal*, 16, (4), pp. 340-345, 1977.

[45] Levin P.L. & Hoburg J.F., Donor Cell-Finite Element descriptions of wire-duct precipitator fields, charges and efficiencies. *IEEE Trans. Ind. Appl.*, IA26, (4), pp. 662-670, 1990.

[46] Larsen P.S. & Sorensen S.K., Effect of secondary flows and turbulence on electrostatic precipitator efficiency. *Atmospheric Environment*, 18, (10), pp. 1963-1967, 1984.

[47] Zamany J., Numerical modelling of electrodynamic conditions influenced by particle space charge and resistivity in electrostatic precipitators of complex geometry for industrial applications. *Proceedings of 6th International Conference on electrostatic Precipitation, Budapest*, 1996..

[48] Smith W.B. & McDonald J.R., Development of a theory for the charging of particles by unipolar ions. *Journal Aerosol Science*, 7, pp. 151-166, 1976.

[49] Felici N., *Diélectriques*, Institut Polytechnique, Grenoble, 1966.

[50] Ifrim A. & Notingher P., *Materiale Electrotehnice*. Editura Didactica si Pedagogica, Bucuresti, 1992.

[51] Badarau E. & Popescu I., *Gaze Ionizate. Descarcari electrice in gaze*. Editura Tehnica, Bucuresti, 1965.

[52] Ducret D., Contribution à l'étude d'un réacteur de transformation gaz-particules par une décharge élctrique à l'effet couronne: application à l'épuration des composés iodés volatils radioactifs. Thèse de l'Université de Savoie, Chambéry, 1992.

[53] Dupuy J., Effet de couronne et champs ionisés. *Revue Générale d'Electricité*, 67, 2, pp. 85-104, 1958.

[54] Peek F.W., *Dielectric Phenomena in High Voltage Engineering*. McGraw-Hill, New York, 1929.

[55] Davies M., Goldman A., Goldman M. & Jones J.E., A finite element solution of the field equations for point-plane negative corona in air. 5th *Int. Conference High Voltage Eng.*, Braunschweig, réf. 32.04, Aug. 1987.

[56] Jones J.E., On the drift of gaseous ions. *Journal of Electrostatics*, Vol. 27, pp. 283-318, 1992.

[57] Goldman M. & Goldman N., *Corona discharges. Gaseous Electronics*, Academic Press., 1978.

[58] Pauthenier M. & Moreau-Hanot M., La charge des particules sphériques dans un champ ionisé. *Journal de Physique et le Radium*, 3, pp. 590-613, 1932.

[59] Pauthenier M. & Guillien R., Etude électromécanique de la charge limite d'une sphère conductrice dans un champ électrique ionisé. *C. R. A. S.* Paris, 195, pp. 115-116, 1932.

[60] Liu, B. H. Y. & Pui, D. H. Y., On unipolar diffusion charging of aerosol in the continuum regime. *Journal of colloid an interface science*, Vol. 58(1), pp. 142 – 149, 1977.

[61] Brock J.R., Wu M., Field charging of aerosol particles, *Journal of Colloid and Interface Science*, Vol. 45, pp. 106 – 114, 1973.

[62] Brock J.R., Non continuum unipolar charging of aerosol: the role of external electric field. *Journal of Applied Physics*, Vol. 41, N° 5, pp. 1940 – 1944, 1970.

[63] Mocanu C.I., *Teoria campului electromagnetic*. Editura Didactica si Pedagogica, Bucuresti, 1990.

[64] Radu I., *Comportarea unor materiale electroizolante in campuri electrice intense*. Thèse de doctorat de l'Université Politehnica, Bucuresti, 1997.

[65] Dascalescu L., Urs A., Dumitran L.M. & Samuila A., Charging of One or Several Cylindrical Particles in Monoionized electric Fields. Proceedings 2001 *IEEE-IAS Annual Meeting*, Chicago, 2001.

[66] Fjeld R.A., & McFarland A.R., Evaluation of select approximations for calculating particle charging rates in the continuum regime. *Aerosol Science and Technology*, 10, pp. 535-549, 1989.

[67] Fjeld R.A. & Wu D., Evaluation of continuum regime theories for bipolar charging of particles in the 0.3 μm – 13 μm diameter size range. *IEEE Trans. Ind. Appl.*, IA26, (3), pp. 523-527, 1990.

[68] Hewitt G.W., The charging of small particles for electrostatic precipitators. *AIEE Transactions*, 76, pp. 300-306, 1957.

[69] Blanchard D., *Collecte des fines particules et caractérisation des couches de poussière dans un précipitateur électrostatique*. Thèse de doctorat de l'Université Joseph Fourier, Grenoble 1, 2001.

[70] Mochizuki Y., Electrical Re-Entrainment of Particles Deposited on Collecting Plate in Electrostatic Precipitator. *Proceedings 8th International Conference on Electrostatic Precipitation*, Birmingham (Alabama), paper C5-2, 2001.

[71] Dietz P.W., Cohesive force and resistivity between electrostatically-precipitated particles. *Journal of Electrostatics*, Vol.6, pp. 237-280, 1979.

[72] Miller J., Schmid H.J., Schmidt E. & Schwab A.J., Local deposition of particles in a laboratory-scale electrostatic precipitator with barbed discharge electrodes. *6th International Conference on Electrostatic Precipitation*, Budapest, pp. 325-334, 1996.

[73] Blanchard D., Dumitran L.M. & Atten P., Correlation Between Current Density, Dust Layer Structure and Re-Entrainment in Laboratory ESP. *Proceedings 8th International Conference on Electrostatic Precipitation*, Birmingham (Alabama), paper A4-5, 2001.

[74] Blanchard D., Dumitran L.M. & Atten P., Correlation between current density and layer structure for fine particles deposition in a laboratory ESP. *IEEE Trans. Ind. Appl.*, 2002 (in press).

[75] Miller J. & Schwab A.J., The influence of electrode geometry, EHD field and dust layer formation on fine dust efficiency of electrostatic precipitators. *International Symposium on Filtration and Separation of Fine Dust*, Vienna, 1996.

[76] Blanchard D., Dumitran L.M. & Atten P., Formation et analyse d'une couche de poussière collectée dans un précipitateur électrostatique. *S.F.E., 2ème Conférence sur l'Electrostatique*, Montpellier, pp. 208-213, 2000.

[77] Dahneke B., The capture of aerosol particles by surfaces. *Journal of Colloid and Interface Science*, Vol. 37, pp. 342-353, 1971.

[78] Krupp H., Particles adhesion theory and experiment. *Advanced Colloid Interface Science*, 1, pp. 111-239, 1967.

[79] McLean K.J., Cohesion of Precipitated Dust Layer in Electrostatic Precipitators, *Journal of the Air Pollution Control Association*, Vol. 27, N° 11, pp. 1100-1103, 1977.

[80] Pauthenier M., La purification électrique des gaz. Un problème fondamental du fonctionnement des électrofiltres: la contre-émission. *Revue générale de l'électricité*, Tome 69, N° 3, pp. 175-184, 1960.

[81] Vereshchagin I.P., Zhukov V.A. & Kalinin A.V., Quantitative characteristics of back corona discharge intensity. *Journal of Electrostatics*, Vol. 23, pp. 351-356, 1989.

[82] Snaddon R.W.L. & Schwabe R.J., An investigation of the emission of reverse ion current from electrically stressed dust layers. *Journal of Electrostatics*, Vol. 20, pp. 155-156, 1987.

[83] Miller J., Schmidt E. & Schwab A.J., Fractional efficiency investigations under back corona conditions considering the local occurrence of back corona at the dust layer of electrostatic precipitators. 6th *International Conference on Electrostatic Precipitation*, Budapest, pp. 343-352, 1996.

[84] Notice d'utilisation pour les granulomètres laser. *Malvern Instruments*, 1996.

[85] Blanchard D., Dumitran L.M. & Atten P., Collection des particules submicronicues dans un dépoussièreur électrostatique. *Travaux du deuxième Atelier scientifique franco-canadiano-roumain*, Bucarest, pp. 478-481, 17-19 mai 1999.

[86] Riehle C. & Loffler F., Particle dynamics in an electrohydrodynamic flow field investigated with a two-component laser-doppler velocimeter. *Part. Syst. Charact.*, 10, pp. 41-47, 1993.

[87] Dumitran L.M., Blanchard D. & Atten P., Drift velocity of fine particles estimated from fractional efficiency measurements in a laboratory-scale electrostatic precipitator. *Proceedings 8th International Conference on Electrostatic Precipitation*, Birmingham (Alabama), paper A4-4, 2001.

[88] Dumitran L.M., Blanchard D. & Atten P., Drift velocity of fine particles estimated from fractional efficiency measurements in a laboratory-scale electrostatic precipitator. *IEEE Trans. Ind. Appl.*, 2002 (in press).

[89] Dumitran L.M., Atten P., Blanchard D. & Notingher P.V., Migration velocity of fine particles in a plate-plate electrostatic precipitator. *2nd International Workshop, Electrical Conduction, Convection and Breakdown in Fluids*, Grenoble, pp. 210-213, 4-5 may 2000.

[90] Leonard G.L., Mitchner M. & Self S.A., An experimental study of the electrohydrodynamic flow in electrostatic precipitators. *Journal Fluid Mech.*, Vol. 127, pp. 123-140, 1983.

[91] Feldman P.L., Kumar K.S. & Cooperman G.D., Turbulent diffusion in electrostatic precipitators. *Atmospheric Emissions and Energy-Source Pollution, AIChE Symposium Series*, N° 165, Vol. 73, pp. 120-130.

[92] Davidson H & Shaughnessy E.J., Turbulence generation by electric body forces. *Experiments in fluids*, Vol. 4, pp. 17-26, 1986.

[93] Blanchard D., Dumitran L.M. & Atten P., Effect of electro-aero-dynamically induced secondary flow on transport of fine particles in an electrostatic precipitator. *Journal of Electrostatics*, 51-52, pp. 212-217, 2001.

[94] Lacroix J.C., Atten P. & Hofinger E.J., Electro-convection in a dielectric liquid layer subjected to unipolar injection. *J. Fluid Mech.*, Vol 69, pp.539–563, 1975.

[95] Liang W. & Lin T.H., The characteristics of ionic wind and its effect on electrostatic precipitators. *Aerosol Science and Technology*, 20, pp. 330-344, 1994.

[96] Atten P., McCluskey M.J. & Lahjomri A.C., The electrohydrodynamic origin of turbulence in electrostatic precipitators. *IEEE Trans. Ind. Appl.*, Vol. IA23, (4), pp. 705-711, 1987.

[97] Shaughnessy E.J., Davidson J.H. & Hoy J.C., The fluid mechanics of electrostatic precipitators. *Aerosol Science and Technology*, Vol. 4, pp. 471-476, 1985.

[98] Self S.A., Mitchner M. & Khim K.D., Effects of turbulence in wire-plate precipitators. *7th EPA-EPRI Symposium on Particulate Control Technology*, Nashville, 1988.

[99] Parker K.R. & Hughes G., A visual investigation of corona induced turbulence in a laboratory scale model precipitator. *Proceedings of 3th International Conference on Electrostatic Precipitation*, Padova, pp. 379-399, 1987.

[100] Blanchard D., Dumitran L.M. & Atten P., Electroaerodynamic secondary Flow in an electrostatic precipitator and its influence on transport of small diameter particles. *Proceedings 8th International Conference on Electrostatic Precipitation*, Birmingham 'Alabama), paper A1-4, 2001.

[101] Radulet R., Tugulea A. & Timotin Al., Teorema de unicitate pentru regimuri variabile ale campului electromagnetic. *Electroenergetica si electrotehnica*, tom 21, nr. 1, pp. 109-128, 1971.

[102] Durand E., *Electrostatique*, Tome II, *Problème généraux – Conducteurs*, Ed. Masson, 1966.

[103] Schilling R.B. & Schachter H., Neglecting diffusion in space charge limited currents. *Journal Appl. Physics*, 38, pp. 841-844, 1967.

[104] Durand E., *Electrostatique*, Tome III, *Méthodes de calcul – Dielectriques*, Ed. Masson, 1966.

[105] Mandru G. & Radulescu M., *Analiza numarica a campului electromagnetic*. Editura Dacia, Cluj Napoca, 1986.

[106] Roache P.J., *Computational Fluid Dynamics*. Hermosa Publishers, Albuquerque, 1972.

[107] Dumitran L.M., Atten P., Blanchard D. & Notingher P., Influence de la distribution de charge des particules sur le processus de collection dans un électrofiltre. *S.F.E. 2000, 2ème Conférence sur l'Electrostatique*, Montpellier, pp. 189-194, 2000.

[108] Maxey M.R. & Riley J.J., Equation of motion for small sphere in a non uniform flow. *Physics Fluids*, Vol. 26, 4, pp. 883-889, 1983.

[109] Saffman P.G., The Lift on a small sphere in a slow shear flow. *Journal of Fluid Mechanics*, Vol. 22, pp. 385-400, 1965.

[110] Lawless P.A. & Sparks L.E., Modelling particulate charging in ESPs. *IEEE Trans. Ind. Appl.*, Vol. 24, N° 5, pp. 922-927, 1988.

Oui, je veux morebooks!

I want morebooks!

Buy your books fast and straightforward online - at one of the world's fastest growing online book stores! Environmentally sound due to Print-on-Demand technologies.

Buy your books online at
www.get-morebooks.com

Achetez vos livres en ligne, vite et bien, sur l'une des librairies en ligne les plus performantes au monde!
En protégeant nos ressources et notre environnement grâce à l'impression à la demande.

La librairie en ligne pour acheter plus vite
www.morebooks.fr

OmniScriptum Marketing DEU GmbH
Heinrich-Böcking-Str. 6-8
D - 66121 Saarbrücken

Telefax: +49 681 93 81 567-9

info@omniscriptum.de
www.omniscriptum.de

Printed by Books on Demand GmbH, Norderstedt / Germany